Schlagwetter

und kein Ende der Forschung.

Ein Beitrag zur

Schlagwetterfrage aus der Praxis für die Praxis.

Von

B. Otto,

dipl. Bergingenieur und Markscheider.

Springer-Verlag Berlin Heidelberg GmbH

1886.

ISBN 978-3-662-33461-4   ISBN 978-3-662-33859-9 (eBook)
DOI 10.1007/978-3-662-33859-9

Vorwort.

Mit dieser Schrift beabsichtigt der Verfasser eine kurze kritische Darstellung des gegenwärtigen Standes der Kenntniss über das für den Steinkohlenbergbau von ausserordentlicher Wichtigkeit gewordene Schlagwetterproblem zu geben und einen freien Ueberblick über alle die Schlagwetterverhütung betreffenden Mittel und Vorkehrungen, mit besonderer Würdigung ihrer Zweckmässigkeit für die Praxis, zu bieten.

Von einer Darlegung aller Einzelheiten der auf das Schlagwetterproblem bezüglichen Punkte glaubte der Verfasser um so mehr absehen zu sollen, als die Veröffentlichungen der in den verschiedenen Staaten Europas niedergesetzten Schlagwetter-Commissionen über dieselben ein erdrückendes Material enthalten, und ist eine eingehende Erörterung nur denjenigen Fragen gewidmet worden, welche in den bis jetzt vorliegenden Berichten dieser Commissionen, sowie auch in den zahlreichen anderen über das beregte Problem erschienenen Werken und Abhandlungen nicht die verdiente Berücksichtigung gefunden haben, wie beispielsweise der Frage des Werthes der Druckventilation für gasreiche Gruben. Da meine Arbeit überdies mehrere neue Gesichtspunkte hinsichtlich der Verhütung von Schlagwetter-Explosionen eröffnet und für die Praxis manche beachtenswerthe Winke enthält, überhaupt aus der Praxis heraus für die Praxis geschrieben ist, so darf sie wohl bei den geehrten Fachgenossen auf einiges Interesse und auf eine warme Aufnahme rechnen.

Ich benutze diese Gelegenheit, meinen verbindlichsten Dank allen denen abzustatten, welche mich bei der vorliegenden Abhandlung unterstützt und berathen haben, namentlich fühle ich mich hierzu gegenüber Herrn Bergamtsrath Menzel in Freiberg, Herrn Bergdirektor Richter in Planitz und Herrn Bergdirektor Berg in Zwickau verpflichtet.

Planitz bei Zwickau, am 2. Januar 1886.

B. Otto.

Einleitung.

Soviel ist in den jüngsten Tagen über Schlagwetter und die Verhütung der aus denselben entspringenden Gefahren geschrieben und gesprochen worden, so sehr steht dieser Gegenstand im Vordergrunde der bergmännischen Litteratur, dass es bedenklich erscheinen mag, immer wieder in neuen Erörterungen sich darüber zu ergehen. Wenn man indess die ausserordentliche Wichtigkeit der Schlagwetterfrage ins Auge fasst und erwägt, dass dieselbe trotz der gewaltigen Fortschritte und des staunenswerthen Aufschwunges, welchen Wissenschaft und Technik in den letzten Jahrzehnten genommen haben, noch weit von einer endgültigen Lösung entfernt ist, so muss man wohl zugeben, dass das Studium derselben nicht sorgfältig und eifrig genug gepflegt werden kann, da hierbei immer neue und weitere Gesichtspunkte sich eröffnen.

Wenn ich daher im Nachstehenden meine aus der Praxis und aus mannigfachen theoretischen Studien geschöpften Ansichten über das bedeutsame Problem der Schlagwetterverhütung darzulegen und in grossen Zügen eine Kritik der zur Sicherstellung der Schlagwettergruben bewährten oder Erfolg versprechenden Mittel zu geben versuche, so hoffe ich damit Manchen der Fachgenossen einen Dienst zu erweisen und zugleich die Anregung zu weiteren Forschungen zu bieten, indem ich einige neue Wege andeuten werde, auf denen es möglich sein dürfte, dem erstrebten Ziele sich mehr und mehr zu nähern.

Zunächst erscheint es sowohl des besseren Verständnisses
halber als auch um ein möglichst gut zusammenhängendes
Ganze zu haben, geboten, das Wesen der schlagenden Wetter
selbst, d. h. ihre Natur, Entstehung und Entwicklung, sowie
alle die letztere günstig beeinflussenden Verhältnisse näher kennen
zu lernen, wenn auch hierbei kaum zu vermeiden sein wird,
schon Bekanntes nochmals vorzuführen und schon Gesagtes
zu wiederholen. Ich werde mich indess hierin der äussersten
Kürze befleissigen und nur einige der besonders streitigen
Punkte einer ausführlichen Besprechung unterziehen.

I.
Das Grubengas.

Das Problem der Entstehung des Kohlenwasserstoffgases hat seit mehr als einem halben Jahrhundert die namhaftesten Gelehrten und die gewiegtesten Praktiker beschäftigt, ohne dass deren Bemühungen es gelungen wäre, dasselbe zu lösen und den hier vorliegenden Schleier des Geheimnisses zu lüften.

Die früher allgemeine Annahme, dass eine stetige Neubildung des Kohlenwasserstoffes durch Zersetzung der Steinkohle vor sich gehe, wird nur noch von Wenigen getheilt, vielmehr hat sich jetzt die Ansicht fast zur allgemeinen Geltung durchgerungen, dass das Grubengas in der Steinkohle und den dieselbe einschliessenden Gebirgsschichten fertig gebildet vorhanden ist. Die Meinungen gehen aber noch darüber auseinander, ob dasselbe in gasförmigem oder wie namentlich von dem belgischen Bergingenieur Arnould[1]), der sich mit dem Studium dieses Gegenstandes eingehend befasst hat, verfochten wird, in tropfbarflüssigem oder sogar festem Aggregatzustande auftritt. Beide Ansichten haben meiner Meinung nach ihre volle Gültigkeit, denn das Grubengas kann in der Kohle, je nach den Bedingungen, unter denen dieselbe sich gebildet, sowie nach dem Drucke, welchem die Flötze durch die überlagernden Schichten ausgesetzt worden sind, unter mehr oder minder hoher Spannung stehen und diese recht wohl eine Grösse erreichen, die eine Verflüssigung des Gases herbeigeführt hat. Freilich bleibt zu bedenken, dass die kritischen Temperaturen, bei welchen die Kohlenwasserstoffe

---

[1]) M. G. Arnould, Étude sur les dégagements instantanés de grisou dans les mines de houille der bassin belge. Bruxelles 1879.

in flüssigen Zustand übergeführt werden können[2]), weit unter denen stehen, welche in den Kohlenflötzen bei den bisher erreichten Teufen die herrschenden sind. Eine absolut sichere Erkenntniss des physikalischen Zustandes des Grubengases werden wir, was kaum gesagt zu werden braucht, wohl schwer erlangen, da es unmöglich ist, thatsächliche Beweise für die eine oder andere Annahme der Bildung zu beschaffen. Wir stehen hier an einer Grenze des Naturerkennens, die wir mit unserem Geiste nicht zu überschreiten vermögen und werden deshalb in den schlagenden Wettern einen uns stets bis zu gewissem Grade unbekannt bleibenden Feind zu bekämpfen haben.

Wie seiner ganzen Natur nach, so zeigt sich das Grubengas auch bezüglich der Entwicklung als ein dunkles Medium, das von unstätem Charakter den verschiedensten Wandlungen oft in ein und derselben Grube, selbst auf ein und derselben Lagerstätte unterliegt.

Der stetigen Entbindung des Gases in verhältnissmässig geringen Mengen — dem normalen oder regelmässigen Austritt —, wie sie u. A. in den Flötzen der deutschen Steinkohlenreviere vorherrschend ist, steht die sehr gefährliche Erscheinung der plötzlichen Entwicklung von grossen Mengen von Kohlenwasserstoffgasen gegenüber. Diese letztere bekundet sich bald in den auch in Deutschland, insbesondere im westfälischen Kohlenreviere zur Beobachtung gelangenden sogenannten „Bläsern", welche urplötzlich nach dem Fall der letzten hemmenden Schicht hervorbrechen und mehr oder weniger lange Zeit in Thätigkeit verbleiben, bald in den in hervorragendem Masse in England und Belgien auftretenden, dort mit sudden out bursts, hier mit dégagements instantanés bezeichneten Aus-

---

[2]) Bekanntlich verdanken wir Andrews die Entdeckung des sonderbaren Verhaltens der Gase, sich durch Druck nicht verflüssigen zu lassen, bevor sie nicht unter eine einem jeden von ihnen eigenthümliche „kritische" Temperatur abgekühlt sind. Die Einwirkung starken Druckes bei höheren Temperaturen hebt zwar endlich ihre Zusammendrückbarkeit auf, vermag sie aber nicht in flüssigen Zustand zu versetzen.

brüchen, die die Gruben mit enormen Gasmassen erfüllen und auf sehr kurze Zeiträume, in der Regel nur wenige Minuten beschränkt sind.

Welches die Ursachen dieser Erscheinungen sind, darüber herrscht noch keine völlige Klarheit und es genüge hier die Bemerkung, dass man jetzt allgemein derartige Ergüsse auf das Freiwerden hochgespannter Gase zurückführt, welche in die Flötz- und Gebirgsschichten oft in weiten Verzweigungen durchsetzenden Klüften und Ablösungen ruhen.

Die Ansammlungen der Schlagwetter in alten Bauen, deren unerwarteter Austritt gleichfalls des Oeftern zu den bedauerlichsten Katastrophen Veranlassung gegeben hat, sind höchst selten primärer Natur; sie setzen sich vielmehr fast immer aus Gasen zusammen, welche in den gangbaren Bauen zur Entwicklung gekommen und von da zurückgetreten sind.

Wenn eine grössere Anzahl, namentlich belgischer und französischer Fachgenossen, die Existenz von Schlagwettern in den Wüstungen überhaupt bestreitet und dies damit begründet, dass nur immer matte (schwere) Wetter in denselben entdeckbar seien, so möchte ich doch auf die naheliegende Wahrscheinlichkeit hinweisen, dass das leichte Kohlenwasserstoffgas sich über dem Schwaden, der stets die unteren, also die der Beobachtung zugänglichen Partien der verlassenen Abbauräume einnehmen wird, anhäufen kann. Da die Diffusion des Grubengases mit der Kohlensäure eine geraume Zeit erheischt, namentlich, wenn — wie in Wüstungen — keine äusseren Einflüsse (Ventilation u. dgl.) fördernd einwirken, so vermag die Ansammlung, beziehentlich die Erneuerung desselben in den oberen Theilen des alten Mannes ungestört von Statten zu gehen und dieser letztere hierdurch, sobald er grosse Ausdehnung besitzt, zu einem der gefahrdrohendsten Punkte in den Gruben zu werden.

Für die eben dargelegte Ansicht sprechen mannigfache direkte Nachweise aus der Praxis selbst.

So sind u. A. nach den Berichten der preussischen Schlagwetter-Commission auf der Königl. Steinkohlengrube Dud-

weiler-Jägersfreude bei Saarbrücken, deren eine Abtheilung
— die Camphausen-Schächte — im vergangenen Jahre der
Schauplatz einer Explosion von den unheilvollsten Folgen geworden ist, grössere Ansammlungen von Schlagwettern im
alten Manne ziemlich häufig[3]); auch auf der Grube Ath-
Gouley im Wurm-Reviere enthalten die ausgedehnten Hohlräume in den Wüstungen stets mehr oder weniger schlagende
Wetter[4]).

Nach amtlichen statistischen Ermittelungen entfallen beim
preussischen Steinkohlenbergbau von der Gesammtzahl der
tödtlichen Explosionen der Jahre 1861—1881 auf das Auftreten von Schlagwettern aus dem alten Mann oder sonstigen grösseren Wettersäcken 3,24 % und im Jahre 1882 sogar
22,22 %.

Was den sächsischen Kohlenbergbau anlangt, so ist eine
Anzahl von Wetterunfällen gleichfalls auf den Uebertritt von
Grubengas aus Wüstungen in gangbare Baue mit grosser
Sicherheit zurückgeführt worden. Wird doch eine der mörde-
rischsten Katastrophen, welche den festländischen Steinkohlenbergbau überhaupt bisher heimgesucht haben, die Explosion
auf den Burgker Steinkohlenwerken im Plauenschen Grunde,
die 276 Menschenopfer forderte, dem Austritt von Gasmengen
aus den alten Arbeiten zugeschrieben. — Auf einigen Gruben
des Lugau-Oelsnitzer- und des Zwickauer Kohlenreviers hat
man das Verhalten von Kohlenwasserstoffgas in den Altungen
bestimmt erwiesen. So erschrotete man im Jahre 1882 auf
den Werken der Oelsnitzer Bergbau-Gesellschaft bei Oelsnitz
beim Durchschlag in ein bereits 1874 verlassenes Bruchfeld
bedeutende Mengen von Gas.

Ebenso sind nach Oberingenieur Mayer in dem Ostrau-
Karwiner Revier, wie bei den Baron von Rothschild'schen

----

[3]) Vgl. Zeitschrift für B.-, H.- u. S.-W. im Preussischen Staate,
Bd. XXXI B. S. 63.

[4]) Vgl. Zeitschrift für B.-, H.- u. S.-W. im Preussischen Staate,
Bd. XXXI B. S. 77, 78.

Gruben, der Nordbahn und anderen Werken grössere Gasansammlungen in dem alten Manne beobachtet worden.

Gleiche Erfahrungen liegen endlich vom englischen Steinkohlénbergbau vor und sollen, um nur ein einziges Beispiel zu bringen, auf der Seaham-Grube bei Durham, welche durch den schrecklichen Unfall vom 8. September 1880 auch weiteren Kreisen bekannt geworden ist, schwächere Gasentwicklungen aus dem abgebauten Felde nicht ungewöhnliche gewesen sein.

Ueber das wie und wo die Gase in ·die alten Arbeiten gelangen, ist viel gestritten worden, aber ein sicherer Nachweis darüber bisher noch nicht gelungen.

Die Annahme, dass die Entwicklung der Gase im alten Manne selbst aus den Bruchmassen oder Kohlenpfeilerresten vor sich gehe, möchte am wenigsten stichhaltig sein, da bei rationell betriebenem Bergbau verhältnissmässig geringe Kohlenmengen, beziehentlich wenig Kohlenpfeiler in demselben zurückbleiben, diese aber in Folge der langen Berührung mit Luft vollständig entgast sind. Auch der von Dr. Gurlt[5]) auf Grund der Crookes'schen Versuche, über die individuelle Bewegung der Gasmoleküle in sehr verdünntem Raum aufgestellten Theorie, nach welcher die leichteren Grubengase durch die schwereren frischen Wetter aus dem Wetterstrome herausgestossen werden und in das abgebaute Feld übertreten sollen, vermag ich nicht beizustimmen, da die Abbauräume sich unter wesentlich anderen Verhältnissen befinden als diejenigen waren, unter denen der englische Gelehrte experimentirt hat.

Die meiste Wahrscheinlichkeit hat die immer allgemeinere Geltung .gewinnende Ansicht für sich, dass die Gase entweder von den frisch angehauenen Abbaustössen, besonders von denjenigen Stellen aus, die der Wetterstrom nicht hinreichend bespült, in die benachbarten Wüstungen übertreten oder was nicht minder häufig der Fall sein dürfte, durch Verwerfungen und Klüfte, die nach dem Bereich der Altung führen, in diese

---

[5]) Dr. Gurlt, die Verhütung von Explosionen schlagender Wetter in Steinkohlenbergwerken. Bonn 1880.

gelangen, bezhltl. dass beide Momente gleichzeitig wirksam sind.

Auch beim Brechen des Hangenden kann Gas aus letzterem frei werden, und selbst Bergversatz im alten Mann, wenn er ungenügend ausgeführt ist, schützt nicht vor Ansammlungen, da solchenfalls das Dachgestein bei allmähligem Sinken eine Zerklüftung und Zerstückelung erfährt und hierdurch dem Gas freien Abzug gestattet.

Es führen eben mehrere Wege nach Rom, wie das Sprichwort sagt.

Welche Mengen von Schlagwettern sich auf die eine oder andere Weise in den Wüstungen anhäufen, ist wohl niemals festzustellen; dass aber dieselben mitunter eine ansehnliche Grösse erreichen, unterliegt keinem Zweifel.

Je nach dem Alter einer Grube, der Stärke der Förderung, der Mächtigkeit der Flötze und der Abbauweise werden die Hohlräume sehr verschiedene Ausdehnung annehmen und können bei grösseren Betrieben recht wohl ein Volumen von 100 000 cbm und darüber erreichen.

Manche Fachgenossen, wie der französische Bergingenieur Laur, beziffern die leeren Räume in den alten Arbeiten sogar auf mehrere Millionen Kubikmeter, indess erscheint mir diese Schätzung doch eine sehr hohe und möchten derartige Fälle mindestens vereinzelt dastehen.

Wenn man nach den verprüften Beobachtungen anerkannter Autoritäten auch als wahrscheinlich annehmen muss, dass das in den alten Bauen enthaltene Gas allmählig verschwindet oder in Folge chemischer Zersetzung in Kohlensäure und Wasser verändert wird, so können doch in gewissen Zeitperioden die Wüstungen Speicher enormer Gasmengen sein, und sind dieselben sicherlich Punkte, welche immer die eingehendste Aufmerksamkeit und sorgfältigste Controle seitens der Bergtechniker erheischen. —

Es erübrigt uns noch, die chemische Natur des Grubengases einer kurzen Erörterung zu unterziehen. Im Wesentlichen besteht dasselbe aus leichtem Kohlenwasserstoff- oder

Sumpfgas, welchem in der Regel geringe Mengen Sauerstoff, Stickstoff und Kohlensäure beigemengt sind. Seine Gefährlichkeit beschränkt sich nicht blos auf die leichte Entzündbarkeit bei Vermengung mit einem gewissen Volumen Luft und die dadurch bedingten Wetterexplosionen, gegen deren Verhütung in erster Linie die Bestrebungen der Techniker gerichtet sind, sondern sie ist auch darin begründet, dass es bei einer, einen bestimmten Procentsatz übersteigenden Ansammlung Ursache von Erstickungen werden kann. Für letztere — bisher wenig — beobachtete Thatsache liefert die Statistik des preussischen Steinkohlenbergbaues einen beredten Beleg, indem bei diesem von 1871—1882 jährlich 3,5 Arbeiter durch Erstickung in den schlagenden Wettern zu Tode gekommen sind.

Hinsichtlich der Explosionsfähigkeit des Grubengases galt bisher als allgemein feststehend, dass dieselbe bei einem Mischungsverhältniss von 7—14 $^o/_0$ mit Luft ein Maximum erreicht, indess haben die neuesten Untersuchungen naturwissenschaftlicher Capazitäten, wie der Professoren E. v. Meyer in Leipzig und Abel in London dieses „Dogma“ erheblich erschüttert; und erscheint nach diesen das Auftreten von Gasen, die mit Luft gemischt bereits bei 3 $^o/_0$ Beimengung entzündbare Wetter bilden, in manchen Kohlengruben nicht ausgeschlossen.

Gedachte Autoren fanden nämlich in einer Anzahl von Steinkohlensorten neben Methan (CH_4) noch andere Kohlenwasserstoffe, wie Aethan (C_2H_6), Aethylen (C_2H_4) u. s. w. vor und gerade diese Gase sind nach vielfachen praktischen Versuchen geeignet, in verhältnissmässig sehr geringer Beimengung den Schlagwettern einen höheren Grad von Explosibilität zu verleihen. Es leuchtet hiernach ein, dass ein leichtes sich erhebendes Wölkchen von Schlagwettern dieser Gattung, die man wohl auch als „scharfe Schlagwetter“ bezeichnet, bei nur geringem Anwachsen zu einem gewaltigen Gewittersturm werden und ungünstigen Falles furchtbare Katastrophen herbeiführen kann, wie denn manche der tiefbeklagenswerthen Explosionen der letzten Jahre darin ihre Erklärung finden dürften.

II.

Den Gasaustritt begünstigende Einflüsse.

Die begünstigenden Momente, welche man für den Austritt des Grubengases verantwortlich machen kann, sind mannigfachster Art.

Der schnelle Aufschluss und Abbau der Kohlenflötze, die Intensität des Betriebes, wie er zur Zeit in den Massenproductionen überall Ausdruck findet, beeinflusst die Grösse der Gasergüsse in der direktesten Weise. Denn es lässt sich nicht bestreiten, dass mit der Gewinnung der Kohlen die Ausströmungen der in letzteren eingeschlossenen Gase in einem gewissen Verhältnisse stehen und dass dieselben, je grösser die Flächen sind, welche entblösst werden, auch in desto höherem Maasse anwachsen.

Von nicht zu unterschätzender, wenn auch häufig angezweifelter Bedeutung erweist sich bezüglich des Gasaustrittes auch der Atmosphärendruck.

Schon seit Jahrzehnten hat man den Beziehungen der meteorologischen und klimatischen Verhältnisse zu der Schlagwetterentwicklung die ernsteste Beachtung geschenkt und das Studium dieser Frage mit rastlosem Fleisse verfolgt. Das Resultat aller darauf bezüglichen Forschungen gipfelte in Bestätigung eines innigen Zusammenhanges zwischen dem sinkenden Luftdruck einer- und der stärkeren Entwickelung der schlagenden Wetter, besonders aus den Wüstungen, andererseits; leider ist nun aber dasselbe, wie es nur zu oft zu geschehen pflegt, von einzelnen Gelehrten und Männern der Praxis, von welchen ich u. A. den Direktor des meteorolog. Instituts in London, W. Scott und den engl. Bergingenieur Galloway erwähne, in übertriebener Weise benutzt und zu Schlussfolgerungen verwerthet worden, die sich keineswegs als stichhaltig erweisen. Man hat den sinkenden Barometerstand zum Sündenbock für eine grosse Anzahl von Explosionen gestempelt und diese letzteren sogar in volles Abhängigkeitsverhältniss von demselben gebracht, ja man konnte nach den Veröffentlichungen der genannten Autoren bei jedem Fallen des Luftdruckes, beziehentl. bei jeder nur irgend erheblichen Temperatursteigerung auf eine Schlagwetter-Katastrophe gefasst sein.

Wenn allerdings nicht geleugnet werden kann, dass eine grosse Anzahl der auf dem Continente und in Grossbritannien erfolgten Wetterexplosionen mit einer Depression des Barometers, bezhtl. einem Steigen des Thermometers zusammentrifft, so lässt sich doch bei sehr vielen derselben ein solcher Nachweis nicht erbringen und es leuchtet ohne Weiteres ein, dass Explosionen überhaupt in keinem unmittelbaren Zusammenhang mit den Schwankungen des Luftdruckes und der Temperatur stehen, denn obwohl dieselben die Ausströmung von Grubengas bedingen, so kann die Entzündung des letzteren doch auf ganz zufälligen Ursachen beruhen und zu jeder Zeit eintreten.

In wieweit lässt sich denn hiernach eine Einwirkung der meteorologischen Verhältnisse auf den Austritt der Kohlenwasserstoffe zugestehen?

Sie ist, sobald die Gase der Kohle oder Klüften mit hoher Spannung — z. B. bei Bläsern — entströmen, selbstredend ohne alle Bedeutung und wird nur bei schwachen Pressungen sich geltend machen können. Thatsächlich hat man in einigen sächsischen Steinkohlengruben bei sinkendem Barometer eine reichlichere Flötzentgasung constatirt[1]).

Der Anführung besonders werth ist die Erscheinung auf Grube Concordia im Oelsnitzer Revier. Trotzdem daselbst die Gase, ihrem Ausströmen sowie Aufblähen der Kohlen gemäss unter grösserem Druck zu stehen scheinen, wird doch bei erheblicherem Fallen des Barometers stets ein entschieden reicherer Gasaustritt beobachtet derart, dass man letzteren fast

---

[1]) Auszug aus den Mittheilungen der Grubenverwaltungen über die Wetterverhältnisse bei den sächsischen Steinkohlenwerken. II. Thl. pag. 46.

als Maassstab für den Stand des Barometers über Tage benutzen kann[2]). —

In weit höherem Maasse vermögen natürlich die Luftdruckänderungen auf die in dem alten Mann angesammelten Schlagwetter einen fördersamen Einfluss auszuüben und es ist begreiflich, dass das specifisch leichtere Grubengas, das nur unter dem Atmosphärendruck steht und sich mit demselben ins Gleichgewicht zu setzen sucht, beim Nachlassen dieses Druckes und bei der hierdurch bedingten Zunahme des Volumens aus den Wüstungen in die gangbaren Grubenbaue überströmen und die letzteren mit grösseren Mengen erfüllen kann. Diese Thatsache ist durch mannigfache Beobachtungen beim deutschen Steinkohlenbergbau als unzweifelhaft festgestellt. So hat Bergrath Nasse[3]) auf der Grube Gerhard bei Saarbrücken im Beustflötze noch 10 Jahre nach Beendigung des Abbaues aus alten Arbeiten je nach dem Stande des Barometers mehr oder minder grosse Schlagwettermengen nachgewiesen und ist auf Grund eingehenden Studiums und zahlreichen Untersuchungsmaterials zu der Ueberzeugung gelangt, dass „in einer bestimmten zur Entwicklung schlagender Wetter neigenden Kohlengrube bei jedem continuirlichen Sinken des Barometers um eine bestimmte Höhe schlagende Wetter an denjenigen Punkten, an welchen dieselben sich überhaupt zuerst zeigen und ansammeln, zu vermuthen sind".

Nach Oberingenieur Mayer[4]) wurden bei verschiedenen Zechen des Ostrau-Karwiner Steinkohlenreviers, wie unter Andern in denen der Kaiser-Ferdinands-Nordbahn, grössere Gasentleerungen, nach einer Abnahme des Luftdruckes wahrgenommen.

---

[2]) Nach Mittheilungen des Herrn Bergverwalter Büttner, früheren Betriebsleiters von Grube Concordia.

[3]) Zeitschrift für B.-, H.- u. S.-W. im Preussischen Staate, Bd. XXV. Nasse, Beobachtungen über die Beziehungen des Auftretens schlagender Wetter in Steinkohlengruben zu den Veränderungen des Luftdruckes.

[4]) Oesterreichische Zeitschrift für B.- u. H.-W., Jahrg. 1884. Vgl. auch Monographie des Ostrau-Karwiner Steinkohlenreviers: Die Grubenwetterführung von Oberingenieur Joh. Mayer.

Bei dem sächs. Steinkohlenbergbau hat man insbesondere auf den Freiherrl. von B u r g k e r Steinkohlenwerken bei Dresden das Austreten der Schlagwetter meist mit einem starken, plötzlichen Fallen oder einem tiefen Stande des Barometers zusammenhängend gefunden.

Der Verfasser, welcher seit 11 Jahren den hier in Rede stehenden Verhältnissen die ungetheilteste Aufmerksamkeit zugewendet, hat hinsichtlich der schweren Wetter, die man wohl in diesem Punkte mit den schlagenden auf gleiche Stufe stellen kann, auf den v. A r n i m'schen Steinkohlenwerken zu Planitz dieselben Erfahrungen gewonnen. Jedes e r h e b l i c h e und s c h n e l l e Sinken des Luftdruckes führt hier einen grösseren Austritt von Schwaden aus den damit erfüllten Wüstungen in die gangbaren Grubenbaue und naturgemäss eine bemerkenswerthe Verschlechterung des Wetterstromes herbei, während ein l a n g s a m e s stetiges Zurückgehen des Luftdruckes keinen Einfluss erkennen lässt. Beispielsweise übten die bedeutenden barometrischen Minima im Monat December 1883 und im October 1884 auf die Intensität der Schwaden-Entwicklung eine fühlbare Einwirkung aus und traten u. A. am 3. December 1883, sowie am 26. October 1884, als das Barometer innerhalb 12 Sunden um 18 mm, beziehentlich um 10 mm herabging, so grosse Schwadenmengen aus den Brüchen hervor, dass nur eine wesentliche Verstärkung der blasenden Ventilation die Ausströmung abzuschwächen vermochte.

Einen glänzenden Beweis für den wirksamen Einfluss der Luftdruckschwankungen auf die in den Wüstungen angehäuften Schlagwetter — und selbst auf die Gasentwicklung aus dem festen Kohlenstosse — haben endlich die vor Kurzem auf Veranlassung und unter Leitung des Herrn Cameraldirektor R i t t e r v o n W a l c h e r auf der erzherzogl. G a b r i e l e n - Zeche bei Karwin mit grösstem Aufwand von Sorgfalt und Umsicht ausgeführten Versuche erbracht[5]).

---

[5]) Näheres darüber in der von der Erzherzogl. Albrecht'schen Cameraldirektion in Teschen herausgegebenen Broschüre: „Ueber den Einfluss der Luftdruckschwankungen auf die Entwicklung von Schlagwettern." S. a.

Nach dem eben Dargelegten dürfce eine innige Wechsel-wirkung zwischen dem sinkenden Luftdruck und den nicht unter hoher Spannung stehenden Gasen kaum mehr einem Zweifel unterliegen und möchte die Anschauung der französ. Schlagwetter-Commission, dass die Veränderungen im Atmo-sphärendruck keine besondere Bedeutung für die Schlagwetter-zechen haben, wohl unhaltbar sein.

Im Folgenden wollen wir uns noch den besprochenen Einfluss des Atmosphärendruckes auf die Gasanhäufungen im alten Manne an einem willkürlichen Beispiele rechnerisch klar zu machen versuchen.

Wir nehmen eine Grube von grosser Ausdehnung an und setzen voraus, dass die die vorhandenen Hohlräume der Brüche, beziehentlich des Versatzes erfüllende Gasmenge 100 000 cbm betrage. Sinkt das Barometer innerhalb 6 Stunden um 10 mm, nimmt also der Luftdruck um 0,0132 atm. ab, so wird das Gas in den Wüstungen, sofern diese damit völlig erfüllt sind, dem Mariotte'schen Gesetze zufolge sich um 1,0132 seines Volumens ausdehnen und werden hiernach 1320 cbm während der gedachten Zeit in die gangbaren Baue überströmen. Wenn in den letzteren ein Luftquantum von 700 cbm pr. M. um-geht, also in 6 Stunden = 252 000 cbm, so beträgt der Zu-wachs des Grubengases nur 0,520 %. Es ergiebt sich allerdings hieraus, dass selbst ein beträchtliches Sinken des Barometers hinsichtlich der Verschlechterung des Gesammtwetter-stromes wenig in die Wagschale fällt und nur von Gewicht werden könnte, wenn die Zusammensetzung der Grubenluft bereits eine bedenkliche und der Grenze der Entflammbarkeit nahestehende wäre. Da überdies noch, wie zugegeben werden muss, das in den Wüstungen aufgespeicherte Grubengas selten rein, sondern mit einem Theile Luft vermischt ist, somit sein Austritt noch weniger verunreinigend auf den Wetterstrom einwirkt, als angenommen, so darf es nicht befremden, wenn

---

viele Bergtechniker die meteorologischen Verhältnisse auf die Gasentwicklung als belanglos erklären. Dagegen muss wiederum geltend gemacht werden, dass die Zusammensetzung der Gruben-Atmosphäre niemals eine gleichförmige sein wird, vielmehr in einzelnen Revieren der Grube, wenn diese z. B. ausgedehnte offene gasreiche Brüche in sich bergen, einen wesentlich ungünstigeren und hierdurch für die gesammte Belegschaft gefahrbringenderen Charakter annehmen kann.

Auch noch eines anderen Umstandes muss hier gedacht werden.

Wie wir oben gesehen, sind in vielen Fällen die Brüche in ihrem untern Theile mit Schwaden, in dem oberen aber mit Schlagwettern erfüllt und wird eine Veränderumg des Luftdruckes selbstverständlich das Niveau der letzteren tiefer sinken lassen und hiermit in den Lampenbereich der Arbeiter bringen, so dass Mangel an Vorsicht die schwersten Katastrophen herbeiführen kann[6]).

Schliesslich darf, wie der belgische Bergingenieur F. Brabant in den Annales des travaux publics de Belgique (tome XLII) eingehend beleuchtet hat, nicht aus den Augen verloren werden, dass die atmosphärischen Schwankungen im Tiefsten der Gruben bedeutender sind als über Tage.

Den Nachweis hierfür wollen wir durch nachstehende Rechnung führen.

Der Höhenunterschied zweier Orte bestimmt sich aus den an ihnen angestellten Barometer- und Thermometerbeobachtungen durch die Formel[7])

$$h = 18405 \cdot [(1 + 0{,}00229\,(T + t)]\,[1 + 0{,}0026\,\cos 2\,\psi]\,\log \frac{A_0}{a_0}$$

worin A_0 und T den Barometer- und Thermometerstand auf der unteren, a_0 und t die entsprechenden Werthe auf der

---

6) Es sind diese Momente auch im französischen Hauptbericht bereits betont.

7) Dr. v. Bauernfeind's Elemente der Vermessungskunde, II. Bd. 6. Aufl. Barometrisches Höhenmessen.

oberen Station und ψ die geographische Breite des Beobachtungsortes bezeichnen.

Hieraus kann man das Verhältniss der atmosphärischen Pressungen an der Tagesoberfläche und im Tiefsten der Schächte ermitteln; es ist, die obige Gleichung transformirt,

$$\log. \frac{A_0}{a_0} = \frac{h}{18405\,[(1 + 0{,}00229\,(T + t)]\,[1 + 0{,}0026 \cos 2\,\psi]}$$

in welcher jetzt h die Tiefe des Schachtes, A_0 und T die Barometer- und Thermometerhöhe in Quecksilbersäule unter Tage und

a_0 und t die entsprechenden Werthe an der Oberfläche darstellen.

Setzen wir als mittlere Breite für die deutschen Kohlenwerke $50^0\,30'$, ferner t $= 10^0$ C. und T $= 18^0$ C., so wird

$$\log. \frac{A_0}{a_0} = 0{,}000051084\ h.$$

Man hat somit bei 800 m Teufe, welche schon eine Anzahl sächsischer und belgischer Kohlenwerke überschritten haben, das Verhältniss:

$$\frac{A_0}{a_0} = 1{,}0986,\ \text{während für 400 m sich dasselbe auf}$$

$$\frac{A_0}{a_0} = 1{,}0482 \text{ stellt.}$$

Es können hiernach bei tiefen Gruben die Schwankungen des Luftdruckes eine Erhöhung von $10\,\%$ und darüber unter Tage erfahren.

Nehmen wir beispielsweise für einen Schacht von 850 m Teufe (Bockwa-Hohndorf-Vereinigtfeld bei Lichtenstein in Sachsen) einen Barometerstand an der Oberfläche von 760 mm an, so wird derselbe im Tiefsten der Baue 840 mm sein.

Fällt der Barometer innerhalb 24 Stunden um 30 mm, also auf 730 mm, so wird der Luftdruck unter Tage sich durch eine Quecksilbersäule von 806,8 mm geltend machen.

Es ist somit das Sinken des Luftdruckes in der Grube um 3,2 mm Quecksilber $=$ 43,5 mm Wassersäule höher als über Tage.

Wenn ich auch kein allzugrosses Gewicht auf die eben besprochene Steigerung des Luftdruckes in den Tiefen der Bergwerke lege, so kann dieselbe doch bei einem Zusammenwirken ungünstiger Umstände — schnelles Fallen des Barometers, concentrirte Gasansammlungen in kleinen Revieren u. dgl. m. — immerhin einflussreich sein und war deshalb mit zur Sprache zu bringen.

Dass die erörterten Beziehungen der atmosphärischen Schwankungen zu dem Gasaustritt nicht in allen schlagwetterreichen Zechen zur Beobachtung gelangen, ist ohne Zweifel darin begründet, dass entweder der alte Mann von einer Anhäufung des Gases in Folge fehlender Quellen zur Bildung ganz verschont bleibt oder auch die abgebauten Räume, sei es durch guten Bergversatz, sei es durch nachträglichen Niedergang und Sichsetzen des Hangenden so dicht werden, dass eine Ansammlung und ein Umgang der Gase unmöglich ist.

Hiernach wird es immer Gruben geben, in welchen die gedachten Verhältnisse völlig einflusslos sein, andere wieder, in denen dieselben mehr oder minder erhebliche Einwirkung ausüben werden.

Ein Rückblick auf die vorstehenden Betrachtungen lässt die so vielfach bestrittene klimatische Frage ihrer Lösung ausserordentlich nahe und die darauf verwandten Studien von Erfolg gekrönt erscheinen. Gleichwohl werden weitere eingehende Ermittelungen und sorgfältige Beobachtungen und Versuche, wie die von Karwin, nothwendig sein, um eine endgültige Lösung der so hochwichtigen Frage gewinnen und in deren Verfolg für die Praxis sicherere nutzbringende Schlüsse ziehen zu können.

III.
Allgemeine Ventilation.

Wir sind jetzt auf dem Punkte angekommen, die Massregeln zu erörtern, welche im Stande sind, die Bildung explosiver Gasgemenge nach Möglichkeit zu verhindern und hiermit dem Eintritt der für die Kohlenbergwerke so gefährlichen und Verderben bringenden Wetterexplosionen vorzubeugen.

Alle die Mittel, welche man in dieser Beziehung vorgeschlagen und versucht hat, auch nur in äusserster Kürze durchzusprechen, würde viel zu weit führen, denn es sind deren eine Unzahl, da man, wie ohne Uebertreibung ausgesprochen werden darf, fast alle Elemente zur Abwehr gegen die Schlagwettergefahren herangezogen hat.

In der That sind die Bestrebungen der Bergtechniker, über diese Geissel des Kohlenbergbaues die Herrschaft zu gewinnen, unermüdliche und es herrscht hier eine Rivalität, deren wir uns freuen dürfen, auf einem Gebiete, auf welchem der Wettstreit die edelsten Früchte zu zeitigen berufen ist.

Wie langsam auch immer hier der Fortschritt sich vollziehen mag und wie gering die wirklichen Erfolge augenblicklich sind, wofür die unheilvollen Schlagwetterkatastrophen, von denen der vaterländische und ausländische Kohlenbergbau in den letzten Monden erneut heimgesucht worden ist, trauriges Zeugniss ablegen[1]), so darf man doch nicht allzuschwarz in die Zukunft schauen, kann vielmehr im Vertrauen auf die bedeutenden Fortschritte der wissenschaftlichen Forschung und die stetige Verbesserung der Hülfsmittel der Technik mit der Zeit eine wenn nicht endgültige, so doch befriedigende Lösung der Schlagwetterfrage erhoffen.

---

[1]) Ich erinnere an die Schlagwetter-Explosion vom 23. Januar 1885 im Ida-Schacht des Steinkohlenbau-Vereins Hohndorf bei Oelsnitz (Sachsen), bei welcher 17 Menschen zu Tode kamen; an die Explosion vom 3. März 1885 in der Kohlengrube Usworth bei Newkastle, die 36 Menschenopfer forderte; an den Schlagwetterunfall vom 6. März 1885 im Johann-Schacht der Kohlenwerke des Grafen H. Larisch bei Karwin, bei welcher 105 Menschen das Leben verloren; an die entsetzliche Katastrophe vom 18. März 1885 in den Kamphausen-Schächten bei Saarbrücken, welche 180 Menschen das Leben raubte und ungeheuern materiellen Schaden verursachte; an die Explosion vom 27. März 1885 im Bettina-Schacht bei Dombrau, in welcher 45 Arbeiter getödtet wurden, an den Unglücksfall auf Grube Dudweiler bei Saarbrücken vom 26. Juni 1885, wobei 17 Mann umkamen und endlich an die Explosion zu Szekul bei Reschitza in Ungarn vom 29. Oktober 1885, welche 15 Arbeiter tödtete.

Selten möchten sich auch den Bestrebungen menschlicher Thätigkeit so viele Schwierigkeiten entgegenstellen, als es bei Bekämpfung der unheimlichen Schlagwetter der Fall ist.

Würde man die Bildung explosiver Gemenge überhaupt verhindern und die Kohlenwasserstoffe bei ihrem Austritt derart unschädlich machen können, dass die Grubenwetter mit denselben nicht diffundirten, so wäre die Schlagwetterfrage als gelöst zu betrachten. Die in dieser Richtung vorgenommenen Versuche, namentlich auf chemischem Wege das Ziel zu erreichen, haben sich als fruchtlos und alle bisher angewandten das Gas zerstörenden Mittel in der Praxis als unbrauchbar erwiesen. Bei dem indifferenten Verhalten des Grubengases gegen andere Stoffe dürfte die Aussicht auf Auffindung eines solchen auch nur eine geringe sein.

Mittel, wie das Verbrennen des Gases durch einen continuirlich wirkenden elektrischen Funken, sind gerichtet und verüberflüssigen eine nähere Betrachtung.

Anderweite neuere Vorschläge, so die des belgischen Bergwerksdirektors Bustin, durch Zuleiten von Kohlensäure die Schlagwetter unschädlich zu machen, gewissermassen dem in der Medicin geübten homöopathischen Verfahren entsprechend, Gift durch Gegengift zu verdrängen, erheischen gleichfalls keine ernste Widerlegung und möchten diese wohl kaum je Boden in der Praxis finden.

Ob des Herrn Poetsch patentirtes Verfahren, die schlagenden Wetter dadurch unentzündbar zu machen, dass dieselben durch stark abgekühlte Luft auf eine Temperatur von etwa 4° C. gebracht werden[2]), mit Erfolg durchführbar sein wird, müssen die Versuche lehren. In Ansehung aber der bestehenden Grubenverhältnisse und in Berücksichtigung der Thatsache,

---

[2]) Die Abkühlung der in die Grubenbaue einzuführenden Luft geschieht durch einen über Tage stehenden gemauerten spiralförmig gewundenen Canal, durch welchen die Luft durch Saug- oder Druckwirkung getrieben wird. In der Mittellinie des Canals liegt ein Rohr mit perforirten Wandungen, durch welche ein feiner Regen einer bis auf −25° C. abgekühlten Salzlösung gespritzt wird.

dass die kältest einströmenden Wetter auf ihrem Wege schnell die Temperatur des umgebenden Gesteins und der Kohle annehmen, beziehtl. beim Durchstreichen durch die Baue sich sehr bald erwärmen, sowie in Erwägung der Uebelstände, welche eine — wenn überhaupt mögliche — Versetzung der Grubenräume in „die kalte Region" zur Folge haben würde, in Würdigung aller dieser Umstände, sage ich, lässt sich ein Zweifel an dem Gelingen des Projekts nicht unterdrücken.

Bei eingehender und sachgemässer Prüfung aller bisher zur Verhütung der Wetterunfälle gebrauchten Mittel und veranstalteten Vorkehrungen gewinnt man immer wieder die Ueberzeugung, dass in einer zweckmässigen Ventilation und in der Vervollkommnung und Verbesserung aller dieser dienenden Einrichtungen der mächtigste Hebel zur Beseitigung der aus den Schlagwettern entspringenden Gefahren zu suchen ist.

Aufgabe jeder Ventilationstechnik muss es sein, in allen Theilen der Grube, in welchen Kohlenwasserstoffgas-Ausströmungen nachweisbar sind, eine so genügende Menge Luft circuliren zu lassen, dass das Gas bei seinem Freiwerden sogleich in dem erforderlichen Maasse verdünnt und fortgeführt wird, so dass weder eine Anhäufung desselben noch auch die Bildung eines explosiven Gemenges entstehen kann. Das Hauptstreben ist also dahin zu richten, die Gase stets in einem harmlosen Mischungsverhältniss zu erhalten und ein möglichst gleichförmiges Grubenklima zu erzielen. Obwohl für manche besonders günstig gelegene und räumlich nicht zu ausgedehnte, beziehentlich auch für sehr tiefe Gruben natürliche Ventilation genügt, um die entsprechenden Zustände in den unterirdischen Bauen zu gewinnen, so bleibt doch die künstliche unstreitig diejenige, welche den wirksamsten und regelmässigsten Wetterwechsel hervorzurufen vermag und die deshalb in allen gasreichen Gruben als eine unerlässliche Bedingung[3]) anzusehen sein möchte.

---

[3]) Sobald die natürliche Ventilation durch Hilfsmittel, wie durch

Die Erkenntniss hiervon bricht sich auch in immer weiteren Kreisen Bahn und legt dafür beredtes Zeugniss die in den letzten Jahrzehnten erfolgte rasche Zunahme der mechanischen Ventilation ab, welche im Wettstreite der zur künstlichen Wetterführung gebrauchten Mittel, namentlich den früher sehr allgemein verbreiteten Wetteröfen gegenüber, Siegerin geblieben ist.

Es hat dieselbe in technischer wie wissenschaftlicher Hinsicht eine ausserordentliche Vollkommenheit erlangt und stehen dem Bergtechniker jetzt Ventilationsapparate zur Verfügung, die ihm ermöglichen, eine räumlich weit ausgedehnte Grube in ergiebigster Weise zu ventiliren.

Trotz der hohen Stufe, welche die mechanische Ventilation erreicht hat, ist aber das Ventilationssystem selbst der Gegenstand einer lebhaften Streitfrage geblieben und herrscht heute noch keine Klarheit darüber, ob der Ansaugungs- oder Einpressungsmethode der Vorzug gebührt, beziehentlich ob beide als gleich gut anzusehen sind.

Bei der Wichtigkeit und Tragweite, welche diese Frage für die Praxis der Schlagwettergruben besitzt, erscheint es angezeigt, dieselbe einer umfassenden Beleuchtung zu unterwerfen.

Sehr allgemein geht die Ansicht dahin, dass die Gruben zweckmässig nur mit saugenden Wettermaschinen ventilirt werden und dass die Verwendung blasender Apparate für gasreiche Zechen mit den mannigfachsten Nachtheilen und Gefahren verknüpft sei[4]).

Eingehende Erwägungen erweisen indess, dass diese Anschauung keineswegs haltbar ist.

Luftcompressoren u. dgl., die bei etwaiger Stockung des Wetterzuges wirksam eintreten können, unterstützt wird, erscheint mir dieselbe noch zulässig, vorausgesetzt, dass sie überhaupt für die betreffende Grube genügend ist.

[4]) S. d. a. die Abhandlung über die unterirdische Ventilator-Anlage im Alexanderschacht in der Zeitschrift für B.-, H.- u. S.-W. in dem Preussischen Staate. Jahrg. 1884.

Die Aufgabe, welche die Wetterführung in den Schlagwettergruben zu lösen hat, besteht nicht nur in der Beschaffung
einer für den Athmungsbedarf der Menschen und die Unter-
haltung der Lampen, sowie für die Verdünnung der ausströmenden Kohlenwasserstoffgase genügenden Luftmenge, sondern
zugleich auch in der thunlichsten Abschwächung der meteorologischen Einflüsse, soweit sie sich auf den Austritt der Gase
geltend machen können.

Unter den Ventilationsmethoden dürfte nun keine diese
Forderungen besser erfüllen, als die der blasenden, vermöge
der ihr eigenen verdichtenden Wirkung des Wetterstromes.
Allerdings hat dieselbe in der Wetterführung schlagwetternöthiger Zechen im Grossen noch keine Anwendung gefunden
und thatsächliche Erfahrungen liegen nicht vor; aber wir sind
darüber belehrt, dass sie gegenüber schweren Wettern gute
Dienste zu leisten vermag, so dass kein Grund ersichtlich ist,
deren erfolgreiche Einwirkung auch bezüglich der Schlagwetter
in Zweifel zu ziehen.

Dass die blasenden Ventilatoren den Austritt des Grubengases aus der Kohle oder den sie begleitenden Gesteinsschichten,
wenn auch nur in ganz geringem Maasse, zu hemmen im
Stande seien, muss man, wenigstens für den Fall, dass das
Gas unter niedriger Spannung steht, nach den oben angeführten
für die Praxis der Schlagwettergruben überaus bedeutungsvollen Versuchen auf der Gabrielen-Zeche in Karwin zugeben
und dies allein spricht schon für eine allgemeinere Einführung der gedachten Ventilatoren.

Ausserordentlich wichtig ist unleugbar die Druckventilation
rücksichtlich der in dem alten Manne angesammelten Gase.

Bei saugender Wetterführung werden die Schlagwetter
nach dem Anlassen des Ventilators, Dank dem von letzterem
erzeugten Unterdruck, so lange aus den Wüstungen austreten
und den Wetterströmen sich beimischen, bis die Spannungs-
verhältnisse der Luft in allen Theilen der Grube die gleichen
geworden sind. Da bei der Inbetriebsetzung des Ventilators
nach einem längeren Stillstande die Grube in den meisten

Fällen ohne Belegschaft ist, so wird dieser Umstand nicht so fühlbar werden.

Wesentlich ungünstiger verhält sich dagegen die Saugventilation bei nachstehendem Vorgange.

Erfährt der Unterdruck beim Sinken des Barometers auf natürlichem Wege eine Erhöhung, so pflegt man nach hergebrachten Grundsätzen dem vermehrten Austritt des Gases in die Betriebe dadurch zu begegnen, dass man den Gang des Ventilators beschleunigt. Es ist klar, dass in diesem Falle bei saugender Wetterführung die Pressung des Stromes weiter vermindert und der Austritt des Gases begünstigt, somit die Explosionsgefahr gesteigert wird, während die blasende den Luftdruck vermehrt und gewissermassen einen Ausgleich gegen das eigene Herabgehen desselben schafft. Dies bestätigen auch die auf den von Arnim'schen Kohlenwerken zu Planitz gemachten Beobachtungen.

Die Schwaden-Ausbrüche nämlich, welche das Sinken des Luftdruckes begleiteten und zur Ursache von Betriebsstörungen wurden, waren durch den saugenden Ventilator trotz des angestrengtesten Ganges oder vielleicht gerade wegen desselben, da immer neue Massen von Schwaden in den Kreis der gangbaren Baue hereingezogen wurden, nicht zu bannen; nach Einführung der Druckventilation gelingt dieses viel besser und vermochte man beispielsweise die oben angezogenen Ausbrüche vom 3. December 1883, bez. vom 26. October 1884 durch Erhöhung der Spielzahl des blasenden Ventilators erheblich einzuschränken. Dass, sobald der Barometerstand plötzlich sehr tief fällt, auch die Druckventilation nicht den Austritt der Gase aus den Wüstungen vollständig verhindern kann, ist selbstverständlich; wenigstens würde zur Erreichung dieses Zieles die Compression oft in einem so erheblichen Grade gesteigert werden müssen, dass die Ventilatormaschine bezüglich ihrer Leistungsfähigkeit in sehr weiten Grenzen zu halten wäre, dieselbe dann aber ungewöhnliche Dimensionen annähme und bei normalem Gange höchst verschwenderisch arbeitete.

Lässt sich nicht in Abrede stellen, dass der bei schnellem

Gänge des saugenden Ventilators erzeugte stärkere Wetterstrom, beziehentlich die diesem entsprechenden grösseren
Luftmengen ein Gegengewicht gegen die, durch die erhöhte
Depression vermehrten Schlagwetter bieten, so kann immerhin
der Austritt der letzteren so gefördert werden, dass Explosions-
mischungen entstehen, für die es nur des gefährlichen Zünd-
stoffes bedarf, um unheilvolle Katastrophen heraufzubeschwören.

Mindestens muss man es für gewagt finden, gerade in
denjenigen Augenblicken, in welchen die Zurückdrängung der
Schlagwetter am nöthigsten sich erweist, den Austritt zu er-
leichtern.

An Vorstehendes anknüpfend, suchen wir mittelst eines
— willkürlich gewählten — Beispiels die besprochenen Verhältnisse auf rechnerischem Wege klar zu stellen.

Wir nehmen an, dass die Grubenbaue durch einen saugenden Ventilator bewettert werden, der unter gewöhnlichen
Verhältnissen bei 45 Touren und 20 mm (in Wassersäule)
Depression eine Luftmenge von 700 cbm p. M. liefert, die
sich auf 1600 cbm bei der höchst zulässigen Umgangszahl
von 100 und bei einer Depression von 98 mm steigert.

Etwa einen Gesammthohlraum von 100 000 cbm mit Gas
erfüllt vorausgesetzt, werden, wenn bei einem Barometersturz
(oder bei sonstwie eintretendem plötzlichem starkem
Gasaustritt) die normale Tourenzahl des Ventilators bis
auf das Maximum gesteigert wird, gegen 754 cbm in die gangbaren Baue in verhältnissmässig kurzer Zeit überströmen. Die
letztere — nach den bei Schwaden gemachten praktischen
Beobachtungen — zu etwa 15 Minuten veranschlagt, erhalten
im vorliegenden Falle die Grubenwetter, deren Menge binnen
der gegebenen Dauer 15 × 1600 = 24 000 cbm beträgt, einen
Zuwachs von 3,14°/₀ Gasen.

Ist der Gehalt der Luft von frisch aus der Kohle u. s. w.
entwickelten Kohlenwasserstoffen schon 2°/₀, so wird es durch
den obigen Zugang auf 5,14°/₀ steigen und dieser Betrag über-
schreitet den bei Vorhandensein gewisser „scharfer" Gase für
ein explodirendes Gemenge massgebenden um ein Erhebliches.

Erwägt man überdies, dass in einzelnen Punkten der Grube die Atmosphäre eine wesentlich ungünstigere Zusammensetzung haben, also auch bei Gegenwart von Gasen gewöhnlicher Art das Explosionsverhältniss (7 %) erreichen kann, so wird man zugestehen müssen, dass beim Ansaugungssystem eine rasche bedeutende Erhöhung des Unterdruckes die ernstesten Gefahren hervorzurufen im Stande ist. — Die wiederholt angeführten Versuche in Karwin haben auch in überzeugendster Weise erhärtet, dass bei künstlicher schneller Verdünnung der Grubenluft eine wesentliche Vermehrung des Gasaustrittes, namentlich aus den Wüstungen, stattfindet.

In der That wird man nach Vorstehendem zu der Frage gedrängt: Können nicht in Zechen, deren Wüstungen mit Schlagwettern erfüllt sind, bei dem unter gewissen meteorologischen Vorgängen oder sonst stattfindenden Ueberströmen der Gase gerade durch Verstärkung der saugenden Ventilation detonirende Gemenge gebildet und so bei einer zufälligen Entzündung derselben Explosionen schwerster Art herbeigeführt werden?

Es findet dann auch die Thatsache, dass in Perioden barometrischer Minima's, die, wie wir gesehen, auf die Verschlechterung der Grubenluft an sich keinen schwerwiegenden Einfluss ausüben, häufig Wetterunfälle erfolgen, ihre Erklärung; denn die durch in Folge regelmässiger Steigerung der Ventilationskräfte erhöhte Depression und gleichzeitigen niedrigen Luftdruck begünstigte Gasausströmung aus den Wüstungen wird an manchen Punkten der Grube explosive Gemische hervorrufen, die auf irgend welche Weise zur Entzündung gebracht, Katastrophen nach sich ziehen können. So regen mehrere auf englischen Gruben unter sehr niedrigem Barometerstand erfolgte Schlagwetterexplosionen, wenn man den Berichten Glauben schenken darf, dass die vorhandenen Ventilationsanlagen z. Z. der Unfälle Wettermengen bis zu 3000 cbm und darüber pro M. lieferten und die Führung der Wetterströme eine regelrechte war, zum Nachdenken an und sind, da weder von plötzlichen Gasausbrüchen noch von Kohlenstaubansammlungen die Rede, durch die Annahme verständlich, dass die den Luftmengen entsprechenden bedeutenden Depressionen in Verbindung mit dem schnellen Rückgang des Luftdruckes grosse Gasmengen den alten Arbeiten entführt haben, die in Berührung mit freiem Feuer zur Entzündung gebracht wurden. —

Dass die Einpressungsmethode auch bei Eintritt von Bläsern, bei durch Niedergang von Dachgebirge oder sonstwie hervorgerufenen Ausbrüchen, — bei welchen Vorfällen der Ventilatorgang immer beschleunigt werden wird, — die Lage der Grube gefahrloser zu gestalten vermögend ist, bedarf nach dem soeben Dargelegten keiner weiteren Auseinandersetzung.

Im Falle einer Explosion, die trotz der besten Massnahmen in allen Schlagwetterzechen zu befürchten bleibt, wird man die Wetterführung stets bis zur äussersten Leistungsfähigkeit anspannen, um den von der Explosion betroffenen Bauen die grösstmöglichen Wettermengen zuzuleiten. Nach Vorstehendem ist klar, dass auch in dieser Lage die eintreibenden Ventilatoren sich besser erweisen als die saugenden, da bei letzteren das Grubenklima durch die in Folge des vermehrten Unterdruckes aus den Wüstungen reichlicher austretenden Verbrennungsproducte der Explosion, beziehentlich durch das stärkere Nachströmen von etwa verbliebenen Schlagwettern noch eine weitere Verschlechterung erfährt. Ich schätze aber eine Ventilationseinrichtung, die in thunlichst kurzer Zeit den Zustand der Grube nach einem Wetterunfall so zu gestalten vermag, dass das Vordringen einer Rettungsschaar ermöglicht wird, als das beste Hilfsmittel zur Beschleunigung der Bergungsarbeiten und stelle sie hoch über alle diejenigen Apparate, welche man zum gefahrlosen Eindringen in die irrespirabeln Gase construirt hat. —

Schliesslich ist als Vortheil der blasenden Ventilatoren gegenüber den saugenden noch das Erforderniss eines geringeren Kraftaufwandes anzuführen.

Die mechanischen Arbeiten beim Ausdehnen oder Zusammendrücken der Luft sind bekanntlich den erzeugten lebendigen Kräften und diese den Quadraten der Geschwindigkeiten proportional. Die letzteren stehen wiederum in direktem Verhältniss zu den beregten Wettermengen. Bei blasenden Maschinen ist nun die Spannung der Luft grösser, daher bei gleichem Luftgewicht in der Zeiteinheit dessen Volumen und Geschwindigkeit geringer, somit die Arbeit kleiner als bei saugenden Maschinen.

Um diesen Einfluss in eine mathematische Formel zu kleiden, bezeichnen wir mit P den Atmosphärendruck, mit p und p_1 die bei saugender und blasender Wirkungsweise der Ventilatoren erzeugten Pressungen, ferner mit Q die Luftmenge p. Sec. b. d. Unterdruck p, mit Q_1 die Luftmenge p. Sec. b. d. Ueberdruck p_1, sowie mit γ und γ_1 die entsprechenden spec. Gewichte und v und v_1 die entsprechenden Geschwindigkeiten der Luft.

Beim saug. Ventilator ist die mechanische Arbeit:

$$L = Qp\left(\frac{P-p}{p}\right) = Q\,(P-p) \text{ und beim blasenden:}$$

$$L_1 = Q_1 P\left(\frac{p_1 - P}{P}\right) = Q_1\,(p_1 - P)$$

Dem Mariotte'schen Gesetze gemäss sind die Spannkräfte eines und desselben Luftvolumens bei unveränderter Temperatur den Dichtigkeiten direkt und folglich dem Volumen umgekehrt proportional, so dass:

$$\frac{p_1}{p} = \frac{\gamma_1}{\gamma} = \frac{Q}{Q_1} \text{ wird.}$$

Da die mechanische Wirkung, welche der verdünnten, bezhtl. der gepressten Luft innewohnt, auch

$$\frac{v^2}{2g} \cdot Q\gamma, \text{ bezhtl. } \frac{v_1^2}{2g} Q_1 \gamma_1 \text{ ist,}$$

so lässt sich $\dfrac{v^2}{2g} Q\,\gamma = Q\,(P-p)$ setzen und

$$\frac{v_1^2}{2g} Q_1 \gamma_1 = Q_1\,(p_1 - P), \text{ mithin auch}$$

$$\frac{v}{v_1} = \frac{\sqrt{\dfrac{P - p}{\gamma}}}{\sqrt{\dfrac{p_1 - P}{\gamma_1}}}.$$

Da $Qv = Q_1 v_1$, so wird gleichfalls $\dfrac{Q}{Q_1} = \dfrac{\sqrt{\dfrac{P - p}{\gamma}}}{\sqrt{\dfrac{p_1 - P}{\gamma_1}}}.$

Hieraus findet man:

$$\frac{Q^2}{Q_1^2} = \frac{(P - p)\,\gamma_1}{(p_1 - P)\,\gamma} \quad \text{oder}$$

$$\frac{P - p}{p_1 - P} = \frac{Q^2\,\gamma}{Q_1^2 . \gamma_1} \quad \text{folglich:}$$

$$\frac{L}{L_1} = \frac{Q}{Q_1} \cdot \frac{Q^2\gamma}{Q_1^2\gamma} = \frac{Q^2}{Q_1^2} \cdot \frac{Q \cdot \gamma}{Q_1 \gamma_1}$$

Da $\quad \dfrac{Q}{Q_1} = \dfrac{\gamma_1}{\gamma} = \dfrac{p_1}{p}$ ist, so wird das Verhältniss

$$\frac{L}{L_1} = \frac{\gamma_1^2}{\gamma^2} = \left(\frac{p_1}{p}\right)^2.$$

Es ist hiernach der Kraftaufwand der saugenden Maschine in dem Verhältniss von $\left(\dfrac{p_1}{p}\right)^2$ grösser als der der blasenden.

Nehmen wir z. B. an, dass die äussere Luft eine Pressung $p = 735$ mm Quecksilber $= 10\,000$ mm Wassersäule besitze und die Ventilatoren mit einem Unterdruck, bez. Ueberdruck von 50 mm arbeiten, so stellt sich das Verhältniss:

$$\frac{L}{L_1} = \left(\frac{10050}{9950}\right)^2$$ d. g. $L = 1{,}020\ L_1$ und für 150 mm Unterdruck, bezhtl. Ueberdruck $\dfrac{L}{L_1} = \left(\dfrac{10150}{9850}\right)^2$ d. g. $L = 1{,}062\ L_1$.

Die blasenden Maschinen erfordern hiermit im letzteren Fall 6,2 % geringere Betriebskraft. Es bedeutet dies für eine Ventilator-Maschine von 100 Pferdekräften, wenn die Kosten der Dampferzeugung pro 1 Pferdekraft theoretischer Dampfleistung der Maschine im Durchschnitt zu jährlich 170 Mk. veranschlagt werden, eine Ersparniss von $6,2 \times 170 =$ 1054 Mk.

Bei hohen Depressionen und grossen Ventilator-Maschinen ist hiernach der in Frage stehende Vortheil der eintreibenden Ventilatoren gegenüber den ansaugenden immerhin ein beachtenswerther.

Wenn alle die vorgetragenen Gesichtspunkte zweifellos für die Anwendung der Druckventilation in schlagwetternöthigen Gruben sprechen, so müsste es in der That Wunder nehmen, dass sie bisher den Boden der Praxis kaum irgendwo betreten hat, wenn nicht wichtige Bedenken gegen sie von vielen Bergtechnikern erhoben worden wären.

Den zunächst gemachten Einwurf, dass die blasenden Ventilatoren den tiefsten, also den in der Regel den Zwecken der Förderung dienenden Schacht zur Aufstellung erfordern, habe ich an anderer Stelle[5]) des Breiteren besprochen und als einen der besten diesem Einwurf begegnenden Wege die Placirung des Ventilators in der Grube bezeichnet. Wo örtliche Verhältnisse, wie starker Gebirgsdruck oder was bei tiefen Schächten in die Wagschale fällt, kostspielige Dampfleitungen u. dgl. für die obertägige Aufstellung sprechen, wird diese letztere am vortheilhaftesten mittelst Luftschleuse bewerkstelligt, insofern als dieselbe noch mit den verhältnissmässig geringsten Luftverlusten verbunden ist.

Die in Rede stehende Einwendung erscheint im Uebrigen jetzt nur noch wenig begründet, seitdem mit der zunehmenden Teufe besondere Wetterschächte immer seltener und sowohl der Ein- als auch der Auszugsschacht zur Förderung benutzt werden. Es ist deshalb äusserst befremdend, wenn selbst hervorragende Grubenventilations-Techniker einzig und allein von dem Gesichtspunkte der Erschwerniss der Förderung die blasenden Ventilatoren mit dem Banne belegen. So äussert

---

[5]) S. die Abhandlung über die unterirdische Ventilator-Anlage im Alexander-Schacht in der Zeitschrift für B.-, H.- u. S.-W., Jahrg. 1884.

sich u. A. der durch seine ausgezeichneten Studien über die Grubenventilation bekannte französische Bergingenieur Murgue darüber in folgender Weise[6]): · „Obgleich die blasenden Ventilatoren einige wichtige Vorzüge aufweisen, so erfordert dieses System doch so complicirte und unbequeme Einrichtungen, dass man sich stets veranlasst sieht, dasselbe aufzugeben. Die Ursache davon ist wohlbekannt. Da es angezeigt ist, in den Bauen einen durchgehends aufsteigenden Wetterstrom zu erzielen, so kann man einen blasenden Ventilator nur auf einem Schachte anordnen, welcher die Lagerstätte in den tiefsten Punkten anfährt; ein Schacht in dieser Lage ist aber in der Regel für die Förderung oder Wasserhebung bestimmt, und die Aufstellung eines Ventilators auf demselben, wenn auch nicht gerade unmöglich, doch mit wesentlichen Uebelständen verbunden. Es ist daher weit einfacher, den Ventilator an die entgegengesetzte Stelle der Baue zu verlegen, an die höchste Stelle der Lagerstätte; dann muss er aber nothwendig saugend wirken.“

Diese Auslassungen haben nur dann einen fassbaren Grund, wenn besondere, ausschliesslich der Ventilation dienende Schächte vorhanden sind, beziehentlich angelegt werden können, was, wie schon angedeutet, bei den zunehmenden Teufen des Kohlenbergbaues in Rücksicht auf den Kostenpunkt immer seltener wird; aber auch die Möglichkeit zugegeben, ist die Frage berechtigt, ob „die wichtigen Vorzüge“, die Murgue den blasenden Ventilatoren zuerkennt, die „angeblichen Uebelstände“ nicht derart überwiegen, um selbst bei Wettereinzugsschächten mit Förderbetrieb die Anordnung blasender Apparate als das beste erscheinen zu lassen.

In zweiter Linie tritt bezüglich der Verwendung der blasenden Methode das Bedenken hervor — und demselben giebt auch die französische Commission in ihrem Hauptbericht Aus-

---

6) Bulletin de la société min. 2. Sér. tome IX; Murgue, Essai sur les machines d'aérage. Vgl. auch die Uebersetzung von J. Ritter von Hauer, über Grubenventilatoren von D. Murgue, 1884.

druck[7]) —, dass bei einem etwaigen Stillstande des Ventilators die sinkende Spannung des Luftdruckes den Austritt des Grubengases begünstige, sodass gerade dann die Situation bedenklicher werde, wenn keine Mittel zur Abhilfe vorhanden seien. Dieser Einwand ist allerdings beachtenswerth, indess in der ausgesprochenen Form liegt entschieden eine Ueberschätzung der Gefahren vor. Kommt der Ventilator ausser Betrieb, so wird der Zustand der Grube nach und nach ein solcher, wie er sich bei natürlicher Wetterführung gestalten würde und dem Austritt der Gase wird derjenige Luftdruck entgegenwirken, welcher der Teufe des Grubengebäudes entspricht. Offenbar kann es sich hier nur um das Freiwerden von Gasen handeln, die unter geringen Pressungen stehen. Da deren Austritt aus der Kohle, bez. dem Nebengestein ausnahmlos eine langsame und geringe ist, so wird es eines mehr oder minder grossen Zeitraumes bedürfen, um die Grubenluft so mit Schlagwettern anzureichern, dass dieselbe das explosionsfähige Verhältniss erlangt. Bedenklicher ist dagegen das Ueberströmen der in den Wüstungen angehäuften Gase, aber einerseits wird dieses eine gewisse Zeit beanspruchen, ehe das Grubenklima einen gefahrvollen Charakter annimmt, andererseits verhindert die Fortdauer des Wetterzuges — worauf wir sogleich zu sprechen kommen — die plötzliche Bildung von Explosivmischungen.

Den ersteren Punkt betreffend, erfolgt beispielsweise bei den von Arnim'schen Steinkohlenwerken zu Planitz der Austritt von Schwaden aus den Brüchen, trotzdem diese vollkommen damit gesättigt sind, erst einige Zeit nach Abstellung des blasenden Ventilators, etwa nach 15—20 Minuten, in nennenswertherem Maasse. Die 8—10 Minuten währende Pause, die täglich zum Schmieren des Ventilators sich nöthig macht, wird in keinem der gangbaren Baue bezüglich des Gasaustrittes fühlbar.

---

[7]) Bericht der französischen Commission zur Prüfung der Mittel gegen die Explosionen schlagender Wetter in den Steinkohlenbergwerken. Erstattet von Haton de la Goupillière. Uebersetzt von Hasslacher. Zeitschrift für das B.-, H.- u. S.-W. Bd. 29, S. 334 u. fg.

Dass die Schlagwetter sich anders verhalten würden, ist wohl kaum anzunehmen.

Den Fortgang des Wetterzuges nach Ausserbetriebsetzung des Ventilators kann man, obwohl unleugbar die direkte Wirkung des letzteren sofort aufhört, in den meisten Zechen noch längere oder kürzere Zeit beobachten und in manchen Fällen sogar eine erhebliche Depression[8] wahrnehmen.

Ob nun dieses den Einwirkungen des Beharrungsvermögens oder was wahrscheinlicher ist, dem Einflusse des natürlichen Wetterzuges, bezhtl. der Erwärmung des Wetterauszugsschachtes zugeschrieben werden muss, darüber lässt sich nicht immer mit Bestimmtheit entscheiden, aber die Thatsache steht fest und bietet die Gewähr, dass die Belegschaft jederzeit recht gut in Sicherheit gebracht werden kann. Die Nachwirkung eines Ventilators bei etwaiger Unterbrechung wird in jeder Grube, je nach der Stärke, mit welcher die eben angeführten Momente begünstigend auf die Wetterführung einwirken, von sehr verschiedener Dauer sein; gewiss aber nur in sehr seltenen Fällen möchte sie von solcher Kürze sich erweisen, dass die Belegschaft nicht genügend Zeit fände, um von den gefahrdrohenden Punkten nach den Hauptstrecken, bezhtl. nach dem Wettereinfallschacht fliehen zu können.

Ein besonderes rechnerisches Beispiel hier zu geben, erscheint unnöthig und ist ohne Weiteres klar, dass die plötzliche Unterbrechung des blasenden Ventilators einem Barometersturz gleicht und die an letzteren sich knüpfenden Zustände herbeiführt. Es wird hiernach solchenfalls in schlagwetterreichen Zechen die Luft in verhältnissmässig kurzer Zeit mit einer Menge von Gasen erfüllt werden und zwar in um so höheren Masse, je bedeutender die Compression des Wetterstroms war. Eine Gefahr lässt sich somit nach einem plötzlichen Stillstande des blasenden Ventilators nicht in

-----

[8] Nach dem Hauptbericht der französischen Commission ging auf Schacht Monterrad der Wetterstrom auch ohne Ventilator noch fort und hielt sich die Depression ohne merkbare Schwankung auf 15 mm Wassersäule während 24 Stunden.

Abrede stellen und doch ist bei einem derartigen Ereigniss, wie jeder unbefangene Fachmann zugestehen muss, die Lage eine wesentlich günstigere, als diejenige, in welcher man sich bei einer nöthig werdenden Beschleunigung des saugenden Wetterapparates befindet.

Im ersteren Falle kennt man die Gefahr und wird für schleunigste Abberufung der Belegschaften aus den gefährdeten Punkten Sorge tragen; im letzteren Falle glaubt man durch Beschaffung grösserer Wettermengen behufs Verdünnung der Gase der Gefahr zu begegnen und wiegt sich deshalb in Sicherheit ein, während doch meist gerade das Gegentheil des beabsichtigten Erfolges herbeigeführt und die Gefahr erst recht heraufbeschworen wird.

Ferner tritt eine plötzliche Unterbrechung des Ventilators verhältnissmässig selten ein, während eine Steigerung der Wetterführung sich häufig nothwendig macht.

Im Uebrigen können auch für den Fall einer Ventilationsstörung die nöthigen Vorsichtsmassregeln getroffen werden. Um gegen Unfälle und Reparaturen an der Ventilator-Anlage möglichst gefeit zu sein, sind sehr kräftig und solid gebaute Maschinen und Ventilatoren in Anwendung zu bringen und der oft längere Stillstände bedingende gefährliche Riemenbetrieb thunlichst auszuschliessen oder es ist derselbe, wo eine Umsetzung, wie bei den kleinen schnelllaufenden Wetterapparaten unumgänglich ist, dem Vorschlage von Althans[9]) gemäss durch den weit sichereren Seilantrieb zu ersetzen.

Soll die Wetterführung unter allen Umständen gewahrt und den „vermeintlichen" Gefahren der Unterbrechung entzogen werden, so ist, was auf einer nicht geringen Anzahl von Gruben schon an sich geschieht, für eine Reserve zu sorgen, am besten dadurch, dass zwei Ventilatoren zur Aufstellung kommen, von denen der eine immer in Thätigkeit

---

[9]) Zeitschrift für B.-, H.- u. S.-W., Jahrg. 32, S. 230.

sich befindet, der andre im Bedarfsfalle sofort in solche treten
kann. Es würde bei ihrer Anlage darauf Bedacht zu nehmen
sein, dass sie vollkommen unabhängig von einander zu funk-
tioniren vermögen, also jeder derselben mit besonderer Dampfmaschine und wo es angängig, auch mit besonderer Kessel-
anlage ausgerüstet werde, da nur auf diese Weise eine wirkliche
Aushilfe geschaffen wird. Werden überdies die beiden Ventilationsapparate derart verbunden, dass sie einander gegenseitig
zuarbeiten können, indem der eine aus dem Blasrohre des
anderen schöpft, so bietet die gleichzeitige Inbetriebnahme
derselben in Folge der Summirung der Pressungen für Noth-
fälle (nach stärkeren Gasausbrüchen oder etwaigen Katastrophen) ein sehr kostbares Ventilationsmittel. Denn unter
solchen Umständen erheischt behufs Erzeugung eines energischen Wetterwechsels ein einziger Ventilator sehr beträchtliche
Geschwindigkeiten, und sind, sofern die Maschine nicht mit
der grössten Sorgfalt in allen Theilen construirt ist, besondere
Massregeln gegen die Erhitzung der rotirenden Theile nöthig,
während mit zwei Ventilatoren bei wesentlich geringeren Geschwindigkeiten sich gleiche Leistungen erzielen lassen.

Auch würde bei einer etwaigen Störung im Ventilator-
betriebe ein auf dem Einziehschacht aufgestellter Luftcompressor gute Dienste zu leisten vermögen, sofern man die in
den Schacht führende Compressorrohrleitung unmittelbar unter
der Hängebank mit einem mittelst Ventil verschliessbaren
Kniestücke ausgerüstet hat. Ist der Ventilator zum Stillstand
gekommen, so kann man das betreffende Ventil öffnen und
der Wetterzug wird in Folge der (gesammten) austretenden
comprimirten Luft (s. darüber Abschn. IV) seinen ungestörten
Fortgang nehmen.

Ich komme zu einer weiteren von Fachgenossen erhobenen
schwerwiegenden Anklage, welche der blasenden Ventilation das
Zustandekommen oder wenigstens die Begünstigung von Grubenbränden zur Last legt. Diese Anklage würde, falls sich nur ein
Atom von Wahrheitsbeweis dafür erbringen liesse, allerdings
geeignet sein, das in Rede stehende Ventilations-Verfahren trotz

seiner sonstigen Vorzüge von dem Bergwerksbetriebe auszuschliessen. Ich weiss aber nicht, bis zu welchem Punkte man
die Anklage begründen kann; denn bei den sehr wenigen aus der
Praxis bekannten Fällen, in welchen die blasende Wirkungsweise der Ventilatoren für entstandenen Grubenbrand verantwortlich gemacht wird, dürfte es wohl sehr schwer, um nicht
zu sagen unmöglich sein, mit Sicherheit darüber zu entscheiden, ob die durchgeführte Druckventilation und der aus-
gebrochene Grubenbrand in einem ursächlichen Zusammenhange stehen oder zufällig zusammengetroffen sind. So soll
u. A. nach Professor Habets[10]) auf den Gruben von Blanzy
(in Frankreich) die versuchsweise eingeführte blasende Ventilation mehrfach Brand zur Folge gehabt haben und deshalb
wieder aufgegeben worden sein. Es war mir, trotzdem ich
mich sehr darum bemüht habe, nicht möglich, etwas Näheres
über die beregten Vorgänge zu ermitteln, aber ich kann mich
des Gedankens nicht erwehren, dass die Grubenbrände von
Blanzy auf anderen Ursachen beruhen und bestimmt auch
unter dem Ansaugungssystem zum Ausbruch gekommen wären.
Im Gegensatze zu den Beobachtungen in Blanzy haben die
vierjährigen Erfahrungen auf den von Arnim'schen Steinkohlenwerken zu Planitz, obwohl die Baue derselben auf zwei
zur Selbstentzündung geneigten Flötzen — dem Lehekohlen
und dem Tiefen Planitzer Flötz — mit umgehen, keinen
Beweis dafür, dass die Druckventilation gewissermassen die
Rolle eines Zündhölzchens spiele, erbracht.

Um zu ergründen, ob das letztere Ventilations-Verfahren
an sich ein begünstigendes Moment bei Bildung von Grubenbränden ist, müssen wir nach den Ursachen der freiwilligen
Entzündung der Kohlen forschen, denn von anderen Bränden
als durch diese kann im vorliegenden Falle keine Rede sein.

---

[10]) Bericht des Professors Habets in Lüttich: „Welches sind die Mittel,
den Wetterexplosionen in den Steinkohlengruben vorzubeugen, beziehungs-
weise dieselben möglichst unschädlich zu machen", bearbeitet von Bergrath
Hasslacher im Glückauf, Jahrg. 1877, No. 5, 7, 9 und 12.

Bergtechniker und Chemiker haben in den letzten Jahren in erfolgreicher Weise gemeinsam daran gearbeitet, in das bisher darüber schwebende Dunkel einige Klarheit zu schaffen und sind vor Allem die bahnbrechenden Arbeiten von Dr. Richters[11] hier anzuführen. Nach den mit gründlichster Sorgfalt und Umsicht durchgeführten, auf experimenteller Grundlage aufgebauten Versuchen dieses gelehrten Chemikers, deren Resultate neuerdings durch den französischen Bergwerksdirektor Fayol[12] vollste Bestätigung gefunden haben, muss man die vorwiegendste — wenn nicht die alleinige — Ursache zur freiwilligen Entzündung der Kohlen in der Sauerstoffaufnahme durch dieselben erblicken. Letztere kann bis $10\,^0/_0$ des Kohlengewichtes betragen und erfolgt um so rascher, je feiner die Kohle und je höher die Temperatur ist. Die Klarkohle saugt den Sauerstoff zwar nicht in grösseren Mengen, wohl aber anfänglich mit bedeutenderer Lebhaftigkeit als Stückkohle auf und erhitzt sich demgemäss schneller; die höhere Temperatur vermag aber die Fähigkeit der Sauerstoffabsorption und hiermit die Wärmeentwicklung so zu steigern, dass schliesslich eine Entflammung der Kohle eintritt. Die Kiese, welchen man früher bei der freiwilligen Entzündung der Kohlen eine entscheidende Rolle beimass und die auch neuerdings von dem französischen Bergingenieur Durand[13] als höchst einflussreich wieder hingestellt worden sind, erweisen sich nach den Untersuchungen von Dr. Richters und Fayol meist von untergeordneter Bedeutung. Bei Einwirkung von Feuchtigkeit können sie allerdings auch verhängnissvoll werden, insofern die dann stattfindende Oxydation derselben mit einer grossen Wärme-Entwicklung verbunden ist.

Wenn die stichhaltigsten Beweise und die bestbestätigten Thatsachen eine Hypothese annehmbar und zu der verhältniss-

---

[11] Dingler's polytechnisches Journal, Bd. 195 und 196. S. auch Dr. Muck, Grundzüge und Ziele der Steinkohlenchemie.

[12] Bulletin de la société de l'industrie minérale, II. Serie Bd. VIII.

[13] Comptes-Rendus mensuels de la société de l'industrie minérale 1882.

mässig wahrscheinlichsten machen, so muss man die Dr. Rich-
ters-Fayol'sche als solche bezeichnen, denn nach ihr lässt
sich die Entstehung der Brände, wie sie in der Nähe von
Verwerfungen, in Feldern mit zurückgelassenen zerdrückten
Kohlenpfeilern, in sehr staubreichen Grubenpartien u. s. w.
häufig vorkommen, am Ueberzeugendsten erklären. Die einer
Selbstentzündung der Kohlen entgegenstehenden Bedingungen
würden nach beregter Theorie die thunlichste Minderung des
Klarkohlenfalles, sowie vor Allem die Herstellung eines möglichst niedrigen Temperaturstandes sein. Der letzteren Forderung kann am besten durch Begründung einer energischen
Wetterlosung genügt werden. Sehr richtig erklärt die französische Schlagwetter-Commission in ihrem Hauptbericht das
ununterbrochene Zuführen grosser Massen frischer Luft als
das einzige Mittel, allen den eine Erhöhung der Temperatur
bedingenden Einflüssen zu begegnen, und erscheint in der
That auch von diesem Gesichtspunkte aus für alle Gruben
eine reichliche Ventilation als eine zwingende Nothwendigkeit.
Ob nun die Wetter saugend oder blasend in die Grubenbaue
eingeführt werden, bleibt sich rücksichtlich der erörterten,
eine Entzündung der Kohle hervorrufenden Umstände gleich,
da nicht der Beweis erbracht werden dürfte, dass durch die
blasende Methode die Sauerstoffabsorption in wesentlich höherem
Grade gefördert wird als durch die saugende.

Es liegt nach alledem kein Grund vor, die Druckventilation
aus den Kohlenwerken, selbst auf Flötzen, die zur freiwilligen
Entzündung neigen, auszuschliessen.

Dass das Mittel eines lebhaften Wetterzuges nur in dem
Falle seinen Zweck erreicht, wenn die Temperatur der Kohlen
an sich noch keine zu hohe geworden ist und dass Grubenbrände ebenso wenig bei blasender Wetterführung zu vermeiden sind wie bei saugender, sobald die für die freiwillige
Entzündung der Kohlen günstigen Bedingungen sich nicht beseitigen lassen, leuchtet von selbst ein.

Ist ein Grubenbrand zum Ausbruch gekommen, so wird
man meist die Wetterführung verstärken, um die Brandgase

durch grosse Luftmengen möglichst unschädlich zu machen. Handelt es sich um einen in der Altung wüthenden Brand, so wird aus den oben angeführten Gründen die Methode der Einpressung den Vortheil gewähren, dass es den Austritt der Brandgase aus der Wüstung weniger befördert und dieselben besser im Schach hält, hierdurch aber die Abdämmungsarbeiten leichter durchführen lässt.

Selbstredend darf in einem solchen Falle der blasende Wetterstrom nicht direkt dem Feuerheerd zugeleitet werden, da der letztere alsdann noch mehr angefacht würde.

Man wird mich vielleicht im Verdacht einer grossen Voreingenommenheit für die Druckventilation haben und führe ich deshalb über den hier in Frage stehenden Punkt noch das Urtheil eines Fachgenossen an, welchen man wohl von diesem Verdachte freihalten möchte. Der russische Bergingenieur M. Nesterowsky, der über die Verhütung von Grubenbränden auf Grund einer im Auftrage der russischen Regierung zum Studium des französischen Kohlenbergbaues ausgeführten Instructionsreise im Bulletin de la société de l'industrie min. tome VII (II sér.) eine interessante Abhandlung veröffentlicht hat, äussert sich bei Besprechung des Brandes in den Gruben Saint - Francois zu Montceau - les Mines, in folgender Weise:

„Die gegen den Brand eingebauten Dämme suchen das Gas unter einer gewissen Pressung zu halten; bei saugender Ventilation nehmen die Grubenwetter eine niedrigere Spannung an. Die hinter den Dämmen eingeschlossenen Gase streben nach aussen zu entweichen und werden bei jedem Spiel durch Luft ersetzt, welche dem Feuer zuströmt und dasselbe erneuert[14]). Diese Thatsache hat den Gedanken gezeitigt, in den gedachten Gruben (Saint-Francois) einen entgegengesetzten Wetterzug herzustellen. Die frische Luft muss das Gas in den Räumen, welche es einschliessen, zurück-

---

[14]) Es ist zu bedenken, dass selbst durch gutgeputztes Mauerwerk, wie von Pettenkofer nachgewiesen hat, ein, wenn auch noch so geringer Luftdurchgang stattfindet.   D. V.

halten, so das Feuer in eine kohlensäurehaltige Atmosphäre versetzend. Eine blasende Ventilation giebt somit die Möglichkeit, sich dem Feuer mehr zu nähern, um es durch Dämme zu isoliren. In der Grube von Bourran zu Decazeville[15]) sind damit gute Resultate erzielt worden, nämlich: „bessere Luft, weniger schädliche Gase und leichtere Ueberwachung der Brände." —

Als letztes schweres Geschütz gegen die Einpressungsmethode führen deren Gegner in neuerer Zeit die Behauptung ins Treffen, dass eine etwa erfolgende Explosion sich vorzugsweise gegen den einziehenden Wetterstrom fortsetze und somit der auf dem Einziehschachte aufgestellte blasende Ventilator weit mehr den Wirkungen derselben ausgesetzt und seine Erhaltung gerade in denjenigen Augenblicken, in welchen dieselbe am dringendsten erscheine, in weit geringerem Grade gesichert sei als die eines auf dem Auszugsschachte arbeitenden Wetterapparates. Sie gründen diese, den früheren Annahmen[16]) gerade entgegenlaufende Ansicht auf die Beobachtung, dass eine Anzahl, so auch mehrere der in jüngster Vergangenheit stattgefundenen Explosionen, sich auf die einziehenden Förderschächte erstreckt und in diesen erhebliche Verwüstungen verursacht haben, während die Wetterauszugsschächte unversehrt und die saugenden Ventilatoren ungestört geblieben sind.

Lässt sich diese letztere Thatsache allerdings nicht abstreiten, so ist doch die daraus gezogene Schlussfolgerung eine ganz irrthümliche und bleibt unhaltbar, wenn wir mit völliger Unbefangenheit die hieranf bezüglichen Verhältnisse einer näheren Prüfung unterziehen.

---

[15]) Der blasende Ventilator auf Bourran ist von E. D. Farcot construirt und hat 6 m Durchmesser, bei einer Ansaugöffnung von 2 m. (Vgl. Prof. Schulze, Skizzen zu den Vorlesungen über Bergbaukunde an der Technischen Hochschule in Aachen Heft 5.)

[16]) So führt die französische Schlagwettercommission in ihrem Hauptbericht als Vortheil für den blasenden Ventilator an, dass er sich auf dem Einziehschachte befinde und entfernter der verunreinigten Luft weniger den Folgen der Explosion ausgesetzt sei.

Man erklärt die Verbreitung der Explosion entgegen dem Wetterzuge damit, dass in dieser Richtung der zur Verbrennung erforderliche Sauerstoff in hinreichender Menge zuströme, beziehentlich dass die grösstentheils in Kohlensäure und Stickstoff bestehenden Verbrennungsprodukte sich mit dem Wetterzuge vermischen und gewissermassen eine unübersteigbare Schranke bilden[17]). Wer indess in Betracht zieht, dass der ausziehende Wetterstrom stets reicher an Schlagwettern ist und deshalb der Explosionsflamme unbedingt grössere Nahrung bietet, als der einfallende, sowie dass die Fortpflanzung der Entzündung ausserordentlich schnell vor sich geht, muss vor solchen Erklärungsversuchen zurückschrecken.

Würde der einfallende Wetterstrom thatsächlich einen Brennpunkt für die Explosion bieten, so müsste es doch immer der Fall sein.

Dies ist wohl ein durchaus berechtigter Gedankengang. Es stehen Dem aber viele Beohachtungen entgegengesetzter Art gegenüber und bei nicht wenigen der bekannten mit grossen Verlusten an Menschenleben und Menschenwerk verknüpften Katastrophen hat sich, wie die unten angegebenen Beispiele zur Genüge erhärten, die Richtung der Explosion sowohl nach dem einziehenden wie nach dem ausziehenden Schachte erstreckt.

Die Heftigkeit einer Schlagwetter-Explosion hängt nach den Versuchen von Mallard und Le Chatelier[18]) nicht nur von der Zusammensetzung des Gasgemenges und der Grösse der Ansammlung, sondern auch von der Lage des Entzündungspunktes ab. Es ist dies neuerdings auch von Dr. Winkler und Kreischer experimentell bestätigt worden, und sprechen sich diese in der bergmännischen Welt angesehenen Autoren darüber wie folgt aus[19]):

---

[17]) Ponson spricht schon diesen Gedanken in seinem traité de l'exploitation des mines de houille, tom II. sec. édit. pag. 299, aus.

[18]) S. Schlussbericht der französischen Schlagwettercommission. Uebersetzt in Bd. 30 der Zeitschrift für B.-, H.- u. S.-W.

[19]) Vgl. Jahrb. für das B.- u. H.-W. des Königreichs Sachsen auf

„Die Explosion wird ungleich verheerender, wenn die Entzündung von den Abbauorten inmitten einer grösseren Schlagwetteransammlung erfolgt, als wenn sie in der Richtung vom Schachte her eingeleitet wird, wo das elastische Luftkissen, welches hier die Begrenzung bildet, den ersten Stoss auffangen und abschwächen kann. Durch sein Zurückdrängen wird der erste Platz für den nachfluthenden Wogenschwall der in gewaltiger Ausdehnung befindlichen Verbrennungsgase geschaffen, ja die Schlagwetteransammlung selbst schwächt, bevor sie ihrer ganzen Masse nach zur Entzündung kommt, in Folge ihrer Elasticität im ersten Momente den Stoss ab.

Tritt dagegen die Entzündung am Ende der Schlagwetteransammlung ein, da wo starre Wände sie umschliessen, so wird die ganze flammende Gasmasse schussartig nach der einzigen Richtung hin fortgeschleudert, welche ihr das Entweichen gestattet und die Folge muss eine enorme Comprimirung der davor befindlichen Luftschicht sein, welche unter allen Umständen eine gewisse Zeit braucht, sich in Bewegung zu setzen.“

Zweifellos wird der zur Entzündung gebrachte Gasstrom dahin schiessen, wo ihm der geringste Widerstand entgegensteht und sich auf dem kürzesten und offensten Wege nach dem Schächte stürzen.

Werden hiernach die nach dem Wettereinfallsschacht führenden Strecken geräumiger sein und weniger Krümmungen und Knickungen aufweisen, als die nach dem Auszugsschacht, so wird, sofern nicht andere Einflüsse (Kohlenstaub u. s. w.) sich noch geltend machen, die Explosion nach dem ersteren hin mit grösserer Leichtigkeit fortschreiten.

Der Ansicht von Professor Hippmann, dass möglicherweise die im Momente der Explosion mit ausserordentlicher Schnelligkeit fortströmenden Gase an dem Schachtverschluss und dem Ventilator einen solchen Widerstand finden, dass die

---

das Jahr 1884. Untersuchungen von Sicherheitslampen von Kreischer und Dr. Winkler.

Fortsetzung der Explosion in der Richtung des einziehenden Stromes und wenn die Oertlichkeit dazu geeignet ist, bis an den Einfallschacht erfolgen und dort noch Verheerungen anrichten kann[20]), lässt sich die Zustimmung nicht ganz versagen und muss man den Verschluss des Wetterauszugsschachtes und den auf letzterem aufgestellten Ventilator mit als Hindernisse für den freien Austritt des Explosionsstromes erachten.

Weiter spielt bei der Ausdehnung einer Explosion bis auf die Schächte die Entfernung des Entzündungsherdes von denselben eine entscheidende Rolle. Liegt dieser Herd sehr nahe dem Wettereinfallschacht, so werden die zerstörenden Wirkungen der Explosion sich mehr dahin erstrecken, als nach dem ausziehenden, selbst wenn für letzteren die besten Wege vorliegen, und in der That fanden alle die Explosionen, bei welchen die einziehenden Förderschächte in besondere Mitleidenschaft gezogen worden sind, nachweisbar in grosser Nähe derselben statt.

Schliesslich ist hier noch des Kohlenstaubes (auf welchen wir in Abschnitt IX ausführlicher zu sprechen kommen) als desjenigen Mediums zu gedenken, das die in einem Punkte erfolgte Entzündung der Schlagwetter über das ganze Grubengebäude zu tragen vermag.

Haben hiernach die Einziehschächte und deren Umgebungen unter grösseren Kohlenstaub-Ansammlungen zu leiden, als die Wetterabzugswege, was bei dem nach ersteren umgehenden lebhaften Verkehr und Kohlentransport in trocknen Gruben bisweilen der Fall sein wird[21]), so ist die Ergiessung des Flammenmeeres entgegen dem frischen Strom ohne Weiteres erklärlich.

Man sieht, die Fortpflanzung einer Explosion ist durch die mannigfaltigsten Umstände bedingt und wird bald mit dem

---

[20]) S. Zeitschrift für das österreichische B.- u. H.-W., Jahrg. 1885, No. 15, 16, 19 und 21.

[21]) Wird der Wetterschacht auch zur Förderung benutzt, so sind natürlich die Verhältnisse hinsichtlich des Kohlenstaubes bei diesem die gleichen wie beim Einzugsschachte.

Wetterzuge zusammenfallen, bald gegen denselben gekehrt sein, meist aber nach allen Seiten strahlenförmig verlaufen.

Den Beweis hierfür wollen wir nachstehend an einigen besonders hervorragenden Beispielen von Wetterexplosionen erbringen.

Bei der Katastrophe auf der Seaham-Grube (Durham) vom 8. September 1880 erstreckten sich die durch die Explosion bewirkten Zerstörungen meist auf den einziehenden Schacht und auf die einziehenden Wetterstrecken, indess ist durch die Berginspektoren Thom. Bell und James Willis mit fast zweifelloser Sicherheit nachgewiesen, dass die Entzündung im einziehenden Wetterstrome, unweit des einziehenden Schachtes, in dessen Umgebung zur Erweiterung von Sicherheitsörtern im Gestein geschossen wurde, durch einen Sprengschuss erfolgte und dass der im Bereiche des letzteren wie im ganzen Grubengebäude reichlich vorhandene Kohlenstaub die Explosion so grosse Verbreitung gewinnen liess. Nach dem über diese Explosion vorliegenden Berichte[22]) zeigten „in den einziehenden Hauptwetterstrecken die Zerstörungen verschiedene Richtungen (eine Erscheinung, welche sich aus der Wirkung des Rückschlages leicht erklärt), jedoch fanden sich diese Zeichen entgegengesetzter Richtung der Explosionswirkung nur innerhalb eines gewissen Gebietes, dessen Centrum in der Verbindungsstrecke zwischen dem einziehenden und dem ausziehenden Schachte zu liegen schien, woselbst die Explosion verhältnissmässig sehr unbedeutende Zerstörungen bewirkt hatte. Ausserhalb dieses Gebietes fiel die Richtung der Explosionswirkung stets mit derjenigen des Wetterstromes zusammen“.

Die noch in aller Gedächtniss stehende Explosion auf Grube Camphausen bei Saarbrücken vom 18. März 1885, welche bekanntlich auch die einziehenden Schächte stark heim-

---

[22]) Zeitschrift für B.-, H.- und S.-W. R. Nasse, „die Ursachen der bedeutenderen Explosionen schlagender Wetter auf den englischen Kohlengruben im Jahre 1880 und die Untersuchungen von F. A. Abel über den Einfluss von Staub auf Explosionen in Kohlengruben.“

suchte, erfolgte „nach dem amtlichen Bericht des Staatsanzeigers" in einem der diesen Schächten zunächst gelegenen östlichen oder westlichen Bremsschachtfelder oder in den einfallenden Bauen unterhalb der ersten Sohle und mussten hiernach die Explosionswirkungen sich natürlich auch mehr nach den beregten Schächten hin äussern, wie denn zugleich der reichlich vorhandene Kohlenstaub zur Verstärkung und Verbreitung der Explosion bestimmt beigetragen hat.

Die Explosion auf Schacht Jabin (Saint-Etienne, Loire) vom 4. Februar 1876, welche 186 Opfer forderte, machte sich sowohl nach dem Einzugs- als auch nach dem Auszugsschachte hin geltend, ohne jedoch einen derselben in auch nur erheblichem Grade zu beschädigen. Während im, dem Wettereinfall dienenden, Schachte Jabin das Aufsteigen einer dicken schwarzen Rauchsäule (ohne Zweifel von den aufgewirbelten Kohlenstaubmassen herrührend) nur einen Augenblick währte und die Förderkörbe völlig verschont blieben, so dass man unmittelbar an die Rettungsarbeiten gehen konnte, dauerte im Ventilatorschachte Saint-François das Abziehen der „Nachschwaden" mehrere Stunden[23]).

Bei der schon oben berührten mörderischen Katastrophe auf den Burgker Steinkohlenwerken im Plauenschen Grunde (bei Dresden) vom 2. August 1869 machte sich die ausserordentlich heftige Explosion durch Lufterschütterung und Aufsteigen einer Staubwolke gleichzeitig in dem einziehenden Segen-Gottes-Schacht und dem ausziehenden Neu-Hoffnung-Schachte bemerkbar; aber auch hier blieben beide Schächte, die von dem muthmasslichen Entzündungspunkte der Schlagwetter nahezu gleichweit entfernt lagen, unversehrt, und während in dem ersten die Wetter einige Zeit nach der Explosion wieder regelmässig einzufallen begannen, nahm in dem Neu-Hoffnung-Schachte das Ausströmen der „Nachschwaden" mehrere Tage in Anspruch und verhinderte daselbst jedes Eindringen einer Rettungsmannschaft.

---

[23]) Vgl. M. Haton de la Goupillière, cours d'exploitation des mines, II. Bd., 1885, pag. 551 u. fg.

Die zur Vornahme der bergpolizeilichen Erörterungen über den gedachten Unglücksfall berufene Commission spricht sich hinsichtlich des Verbreitungsgebietes der Explosion wie folgt aus[24]).

„Aus der Richtung, in welcher man nach der Explosion auf den verschiedenen Strecken, Flächen und Bremsbergen die Hölzer der Grubenzimmerung und andere Gegenstände umgeworfen oder fortgeschleudert gefunden hat, ist zu schliessen, dass die Explosion in einem der nahe über oder unter der 33 Lachter-Strecke westlich vom Flachen No. 9 unmittelbar vor oder unter dem dasigen abgebauten Felde gelegenen Abbaue entstanden und von hier aus strahlenförmig nach allen Seiten hin fortgepflanzt worden ist." —

Bei der Schlagwetter-Explosion vom 6. März 1885 auf den Kohlengruben des Grafen H. Larisch in Karwin, welche 105 Mann tödtete, reichte das Wirkungsgebiet derselben gleichfalls bis an beide Schächte, den einziehenden und den ausziehenden, heran. Es erlitt der saugende Ventilator zwar keinen Stillstand, indess trat in Folge der Zertrümmerung des Verschlusses des Auszugschachtes in der Ventilation eine Störung von einer halben Stunde ein, einer unter gewöhnlichen Verhältnissen kurzen Spanne Zeit, aber bei einem Wetterunfalle sehr langen Frist, in welcher manches der Explosion entronnene Menschenleben noch verloren gehen kann.

Die auf der Grube Marihaye bei Seraing — Schacht Pierre Denis — am 10. November 1875 erfolgte Explosion, bei welcher 48 Bergleute den Tod fanden, äusserte sich in besonders heftiger Weise nach dem Wetterauszugsschacht hin derart, dass einer der vorhandenen 4 Fabry'schen Ventilatoren zerstört wurde.

Endlich noch sei der Explosion auf der Risca-Kohlengrube bei Newport in Süd-Wales gedacht, welche am 15. Juli

---

[24]) S. Ergebniss der bergpolizeilichen Erörterungen über den in dem Freiherrlich von Burgk'schen Steinkohlenwerke zu Burgk am 2. August 1869 vorgekommenen Unglücksfall.

1880 stattfand und 120 Menschen das Leben raubte. Hier war die Explosion von solcher Stärke, dass der Ventilator, der am Wetterauszugsschachte über Tage stand, in Stücke zerschlagen wurde.

Die Beispiele, welche ich aus dem reichen Material, das ich über die Geschichte der Schlagwetter-Explosionen angesammelt habe, noch um weitere vermehren könnte, werden genügen, jeden Vorurtheilslosen zu überzeugen, dass die Annahme, die Explosion pflanze sich in ausgesprochenster Weise gegen den einziehenden Wetterstrom fort, auf Irrthum beruht; sie werden hinreichen zu beweisen, dass der Wetterauszugs-Schacht, also auch der saugende Ventilationsapparat bei einer grossen allgemeinen Katastrophe ebenso gefährdet ist wie der Wettereinfall-Schacht, beziehentlich der daselbst arbeitende blasende Ventilator.

Da die Erhaltung des letztgedachten Schachtes aber unter allen Umständen anzustreben ist, angesichts der Erfahrungsthatsache, dass im Wetterschachte die giftigen Verbrennungsproducte der Explosion oft Stunden, ja Tage lang ausströmen und mithin die Einfahrt von Rettungsmannschaften in denselben, selbst wenn er völlig unversehrt geblieben ist, fast immer unmöglich machen, so erscheint es dringend geboten, den für diese Erhaltung nöthigen oben angeführten Hauptbedingungen, soweit sie erfüllbar sind — wie Herstellung geräumiger Wetterabzugswege, Beseitigung der Verschlüsse der Wetterschächte u. dergl. m. — Rechnung zu tragen.

Vorstehende Betrachtungen zeigen auf das Klarste, dass die erhobenen Bedenken gegen die Einpressungsmethode eines sicheren Untergrundes entbehren, und festigen die Ueberzeugung, dass dieser Methode unter den Mitteln im Kampfe gegen die Schlagwetter eine hervorragende Rolle gebührt. Trotz alledem würde es weit über das Ziel des Erlaubten hinausgehen, wollte man ohne Weiteres die schleunigste Ersetzung der saugenden Ventilatoren durch blasende verlangen. Nein, die Erfahrung muss auch hier Lehrmeisterin sein und sollen die vorstehenden Erörterungen nur die noch vielseitig gehegten

Vorurtheile gegen die Druckventilation zu zerstreuen suchen, sowie die Anregung bieten, bei neueren Ausführungen oder Aenderungen von Ventilations-Anlagen auf blasende Wirkungsweise Bedacht zu nehmen, beziehentlich dieselbe praktisch zu erproben.

Im Uebrigen kann die erörterte Frage der vortheilhaften Verwendung des blasenden Ventilationsbetriebes im Kampfe mit den Schlagwettern auf das Verdienst der Neuheit keinen Anspruch erheben, denn bereits vor 45 Jahren hat der belgische Bergingenieur Boisse[25]) blasende Ventilatoren für gasreiche Gruben warm befürwortet.

Auch Berghauptmann Huyssen trat schon vor 30 Jahren für die Druckventilation zur Beseitigung der Schlagwetter ein, indem er sich in dem Berichte über die Wetterexplosion auf der Steinkohlengrube Laura am 19. August 1853 (s. Bd. I d. Z. für B. H. u. S. W.) dahin äussert: „Die fraglichen Uebelstände liefern übrigens den Beweis, dass man auf der Laura-Grube besser gethan hätte, sich statt der saugenden, blasender Wetterbeförderungsmittel zu bedienen, welche bei Anwesenheit schlagender Wetter überhaupt vorzuziehen sind." —

IV.
Sonder-Ventilation.

Der vom Ventilator erzeugte Hauptwetterstrom, und sei es ein solcher von noch so bedeutender Compression, wird an und für sich noch keine genügende Gewähr für die Sicherheit einer Schlagwettergrube leisten, vielmehr ist hierzu die sorgfältigste Theilung und Führung der Wetter in dem Labyrinth von Strecken und Bauen des Grubengebäudes erstes Erforderniss. Dass gerade hierin noch vielfach gesündigt und dass die mangelhafte Verwerthung der Durchgangsströme einen wunden Punkt in der Ventilationstechnik vieler Kohlenzechen bietet, wird kein Fachmann bestreiten können.

---

[25]) Mémoire sur les explosions dans les mines de houille et sur les moyens de les prévenir, par M. Boisse, ingénieur des Mines à Carmaux.

Für diese Thatsache liefert die von Bergrath Hasslacher bearbeitete Statistik der „auf den Steinkohlenbergwerken Preussens in den Jahren 1861 bis 1881 durch schlagende Wetter veranlassten Unglücksfälle" (s. d. Z. f. B., H. u. S. W. Bd. 30) ziffermässige Belege. Auch weist dieselbe zugleich treffend nach, dass „die Gefährlichkeit der Explosionen am grössten ist, wenn die Explosionsstätte nicht in der direkten Linie des frischen Wetterstromes liegt und wenn dieselbe keine besonderen Vorrichtungen zum Anschluss an den letzteren besitzt." So entfallen von den in den Jahren 1861—1881 erfolgten Explosionen 51,4 % und im Jahre 1882 sogar 63,5 % auf die Aus- und Vorrichtungsarbeiten; von den tödtlichen Explosionen des letztgedachten Jahres kommt der hohe Procentsatz von 39 auf Fälle, bei welchen die Zuführung der frischen Wetter lediglich der Diffusion überlassen war.

Wenn hiernach eine weitere Vervollkommnung der Wetterlosung wünschenswerth ist, so möchte vor Allem das Feld der Sonderventilation anbauenswürdig sein und in dieser die Hauptgrundlage für die Sicherstellung der Belegschaften in Schlagwettergruben gefunden werden. Es würde überflüssiges Thun sein, auf dieses Thema hier näher einzugehen, da dasselbe in den letzten Jahren von den namhaftesten und berufensten Bergtechnikern behandelt[1] worden ist und sollen nur die beachtenswerthesten Punkte davon berührt werden.

Im Allgemeinen wird an dem Grundsatz festzuhalten sein, die Wetter nach dem tiefsten Punkte der Lagerstätte einfallen zu lassen und von hier in aufsteigender Richtung durch die unterirdischen Baue zu leiten; indes kann,

---

[1] Ich verweise hier u. A. auf die Abhandlungen von Oberbergrath Förster: „Ueber Separatventilation und ihre Kosten" (Jahrb. für das B.- u. H.-W. des Königreichs Sachsen auf das Jahr 1882), ferner die von B. Förster und R. Hausse: Beobachtungen über die Beschaffenheit und Bewegung der Grubenluft bei den Königl. Steinkohlenwerken im Plauenschen Grunde, sowie Allgemeines über Grubenventilation (Jahrb. für das B.- u. H.-W. des Königreichs Sachsen auf das Jahr 1879); vgl. auch Serlo's Bergbaukunde, Bd. II. Wetterführung.

wo die örtlichen Verhältnisse das Letztere nicht gestatten, vielmehr die Führung des Wetterstromes sowohl fallend als steigend unabweisbar ist, bei einer kräftigen, alle Betriebspunkte in ihren Kreislauf einschliessenden Wetterführung ein besonderer Uebelstand darin nicht erblickt werden, da hinreichend erhärtet ist, dass sobald die Kohlenwasserstoffe mit der Luft sich innig gemengt haben, dieselben keine Trennung von einander wieder erfahren.

Als weitere Regel bleibt zu beachten, dass die Abzugswetter in einem vom Einfallschacht in geeigneter Entfernung befindlichen besonderen Schachte oder Ausgange zu Tage geleitet werden. Das Zweischacht-System, bez. zwei verchiedene Oeffnungen gegen die Tagesoberfläche sind nicht nur für eine rationelle Wetterführung, sondern auch für die Sicherheit der Belegschaften eine unerlässliche Bedingung, indem bei einer etwaigen Explosion, einem Brande der Tagegebäude oder bei sonst dergl. Ereignissen nur ein zweiter Ausweg eine gefahrlose Flucht ermöglichen wird. Wenn daher jetzt in allen Bergbaustaaten die Herstellung zweier Verbindungen des Grubeninnern mit der Erdoberfläche bergpolizeilich vorgeschrieben wird, so kann dieses nur mit besonderer Freude begrüsst werden.

Hinsichtlich des Hauptwetterstromes muss schliesslich das Bestreben noch darauf gerichtet sein, dass derselbe keine Versplitterung erfährt, sowie dass ihm auf seinem Umzug durch die Grubenbaue möglichst wenig Hindernisse entgegengestellt, also die Wetterstrecken wo angängig, in ihren Querschnitten aufrecht erhalten werden, da andernfalls aus bekannten Gründen die erheblichste Schwächung des Stromes verursacht wird. Wo, wie auf sehr druckreichen Flötzen häufig vorkommt, sich die Wetterwege in ihren Dimensionen nicht erhalten lassen, kann nur durch Verstärkung der Ventilationskräfte die erforderliche Abhilfe geschaffen werden.

Was die Sonderventilation selbst anlangt, so ist die nächstliegende Frage: wie wird dieselbe am zweckmässigsten durchgeführt?

Unter gewöhnlichen Verhältnissen, d. i. in denjenigen Fällen, in welchen die Grubengasentwicklung eine geringe ist, erfolgt die Wetterversorgung der lokalen Betriebe, sofern diese nicht zu entfernt liegen, in der Regel mit Wetterscheidern oder mehr noch durch Lutten und giebt man hierbei meist der blasenden Wirkungsweise den Vorzug, da die Luft in den engen Lutten mit grösserer Geschwindigkeit und in Folge dessen vermehrter lebendiger Kraft vor Ort ankommt, so dass hierdurch die Diffusion des sich entwickelnden Grubengases wirksamer gefördert wird.   Bergamtsrath Menzel hat eine Anzahl Versuche nach dieser Richtung hin auf Brückenberg-Schacht Nr. II bei Zwickau angestellt und bei ansaugenden Lutten ein zwei- bis dreimal so grosses Schlagwetterquantum als bei „einpressenden" gefunden[2]).

Alle vom Hauptstrome sich mehr und mehr entfernenden Aus- und Vorrichtungsarbeiten, insbesondere diejenigen, bei welchen eine heftige Entwickelung der Schlagwetter stattfindet, erheischen eine intensivere Wetterführung als die mittelst Lutten oder Wetterscheider.   Ein ausserordentlich schätzenswerthes Mittel bietet in diesen Lagen dem Bergmann die comprimirte Luft.   Ihre Anwendung zum Betriebe unterirdischer Maschinen, sowie zur Wetterversorgung einzelner entfernter Arbeiten datirt schon seit mehreren Jahrzehnten[3]), dagegen die zu ausschliesslichen Zwecken der Ventilation ist von verhältnissmässig jüngerem Datum[4]).   Die leichte Zuführung der über Tage comprimirten Luft zu jedem Arbeitspunkte

---

[2]) Civilingenieur. Jahrg. 1878.

[3]) Nach Zeitschrift für B.-, H.- u. S.-W. Bd. XVII fand im Saarbrückner Revier die comprimirte Luft schon seit den 50er Jahren Verwendung.

[4]) Zu den ersten ausschliesslich zu Ventilationszwecken dienenden Luftcompressor-Anlagen gehören, soweit ich unterrichtet bin, die auf den Steinkohlenwerken der Actiengesellschaft Bockwa-Hohndorf-Vereinigtfeld und die des Gersdorfer Steinkohlenbau-Vereins in den Jahren 1877—1878 erbauten.   (S. Mitth. des sächsischen Ingenieur- und Architekten-Vereins. Jahrg. 1878, 2. Hälfte.   Auch Jahrb. für das B.- u. H.-W. des Königreichs Sachsen auf das Jahr 1879.)

innerhalb der Gruben in ohne Schwierigkeiten einzubauenden Röhren und die durch sie zu erzielenden ausgezeichneten klimatischen Verhältnisse sind. Momente, welche diesem Hülfsmittel in der Wetterführung einen hervorragenden Platz zuweisen. Das absprechende Urtheil, welches die französische Commission in ihrem Hauptberichte gegen die comprimirte Luft als Mittel zur Sonderventilation fällt, rief unter den Fachtechnikern Deutschland's um so gerechteres Erstaunen hervor, als hier die Vortheile derselben allseitig anerkannt und namentlich in Saarbrücken und den sächs. Kohlenrevieren die befriedigendsten Resultate erzielt worden waren.

Die Verwendung gepresster Luft zur Ventilation, mit nur geringer Ausnutzung der ihr innewohnenden mechanischen Kraft, bezeichnet, wie sich nicht leugnen lässt, eine Verschwendung der letzteren, also der auf ihre Erzeugung verwandten Kosten, indess ist sie eine so einfache und in vielen Fällen oft einzig mögliche, weist überdies anderen Verfahrungsarten gegenüber solche Vorzüge auf, dass diese Dienerin der Wetterführung nicht so leicht aus dem Bergwerksdienste entlassen werden dürfte.

Die Sonderventilation mit gepresster Luft lässt das der ersteren gesteckte Ziel unter allen Verhältnissen, sofern die nöthigen Mengen dieser Luft beschafft werden, erreichen und bietet noch den ausserordentlichen Vortheil, nicht nur keine Schwächung des Hauptwetterstromes, sondern im Gegentheil eine Verstärkung desselben, sowie zugleich eine Abkühlung der Grubenbaue zu bewirken.

Den einzigen der direkten Verwendung der comprimirten Luft anhaftenden Nachtheil, welcher sich besonders beim Verbrauch grösserer Massen recht fühlbar macht, hat man in den hohen Gestehungskosten, die pro cbm (auf 0 Atmosphären Ueberdruck reducirt) zwischen 0,17—0,35 Pfg. schwanken, zu suchen und ist deshalb allen auf eine wirksamere Ausnützung gerichteten Bestrebungen der Fachtechniker die vollste Anerkennung zu zollen. Bereits auf der Pariser Weltausstellung von 1867

zeigte Piarron de Mondésir, dass das Einblasen von comprimirter Luft in offene Rohre ein bedeutendes Quantum äusserer
Luft mit fortreisse und hat die Beachtung dieses Experimentes
im Laufe der letzten Jahre zu Ventilationsarten Veranlassung
gegeben, welche in der zukünftigen Grubenwetterführung eine
wirksame Rolle mit zu spielen berufen sind. Dieselben bestehen darin, die gepresste Luft entweder durch einen in den
Hauptwetterstrom eingeschalteten Körting'schen Strahlapparat
hindurchströmen und in Lutten bis vor den Arbeitspunkt treiben
oder auch — ohne Benutzung des Apparates — direkt in offene
Lutten einblasen zu lassen. In beiden Fällen wird nicht nur
die vom Compressor gelieferte, sondern eine erheblich grössere
seitlich angesaugte Luftmenge dem zu ventilirenden Orte zugeleitet und so die erstere in sehr hohem Maasse nutzbar verwerthet. Hinsichtlich der Einfachheit und der dadurch bedingten
allgemeineren Benutzbarkeit gebührt der Methode des direkten
Einblasens gepresster Luft in Lutten der Vorrang und möchte
dieselbe auch rücksichtlich der Leistung recht gut mit dem
Körting'schen Verfahren wetteifern können. Sie in die
Praxis übergeführt und die hier zu erzielenden werthvollen
Resultate dargelegt zu haben, muss als das Verdienst der
Bergdirektoren Weigel und C. von Steindel in Zwickau
angesprochen werden. Letzterer hat das System in der
Zeitschrift d. Vereins deutscher Ingenieure Nr. 3. Jahrg. 1884
und im Jahrbuch für das Berg- und Hüttenwesen des Königr.
Sachsen auf das Jahr 1883 eingehend beschrieben, so dass
ich unter Hinweis darauf eine nähere Besprechung mir er-
sparen kann.

Die Vorzüge der beregten Sonderventilation, welche in
der Zuführung von nach dem Bedürfniss regulirbaren mehr
oder minder grossen Wettermengen, sowie als Folge davon
in der Herstellung eines gegen die Gefahren der Schlagwetter-
explosionen hohe Sicherheit bietenden Grubenklimas gipfeln,
habe ich bei Befahrung der Schächte des Zwickau-Oberhohn-
dorfer Steinkohlenbau-Vereins, auf welchen dieselbe in grossem
Maassstab durchgeführt ist, schätzen lernen und vermag wohl

Niemand die Bedeutung dieses Ventilationsverfahrens für Schlagwettergruben in Abrede zu stellen. Gleichwohl besitzt diese Sonderventilation immerhin nur einen beschränkten Anwendungskreis. So lange es sich um das Einschliessen nicht zu weit entlegener Ortsbetriebe in den Hauptwetterstrom d. h. um nicht zu lange Luttenstränge handelt, muss dieselbe als eine vortreffliche erachtet werden. Der Verlust der Leitung ist noch ein unerheblicher, die in Folge der Widerstände zu erzeugenden Pressungen halten sich auf einer annehmbaren Höhe und die Ueberwachung ist eine leichte. Ganz anders stellt sich jedoch die Sachlage bei bedeutenderen Entfernungen der Aufschlussbetriebe, besonders in Gruben, welche mit grossem Gebirgsdruck zu kämpfen haben. Es ist hinreichend bekannt und erwiesen, dass mit der Länge der Luttentouren die Verluste ausserordentlich rasch zunehmen. Die letzteren erreichen bei 150—200 m übersteigenden Längen mindestens den Betrag von 40—50%[5]), so dass bei Benutzung derselben nicht daran gedacht werden kann, in sehr weit von den Schächten entlegenen Feldestheilen einer Grube vorzudringen. Zudem sind die weiten Zink- oder Holzlutten mit ungleich grösseren Schwierigkeiten einzubauen und zu verlagern, als die jeder Krümmung sich anschmiegenden engen Compressorrohre und diesen gegenüber viel weniger widerstandsfähig und betriebssicher. Bei den kleinsten Verschiebungen werden die Lutten in den Wechseln undicht und erleiden schon bei geringem Druck Deformationen, die sie völlig wirkungslos machen, so dass dieselben beständig einer sorgsamen Ueberwachung unterzogen werden müssen. Bei vielen und langen Touren auf druckhaften Flötzen ist eine solche Controle aber

---

[5]) Der Procentsatz ist oft noch ein weit höherer und steigert sich mit der Zunahme des Druckes in den Strecken, in welchen die Lutten verlagert sind, da in solchen Fällen eine beständige Inanspruchnahme derselben stattfindet.

Markscheider Hausse hat bei 116 m langen mit Flantschen ausgerüsteten Leitungen bis zu 62% Verlust constatirt u. dgl. m. S. Jahrb. für das B.- u. H.-W. des Königreichs Sachsen auf das Jahr 1883.

äusserst schwierig und nur durch eine grosse Zahl von für
diese Zwecke verfügbaren Zimmerlingen möglich. Da aber eine
einzige Stelle, welche verdrückt wird, ausreicht, um die Lutten-
tour auf ihre gesammte Länge unwirksam zu machen, so
dürften selbst bei scharfer Aufsicht häufig Fälle eintreten, in
welchen die betreffenden Arbeitspunkte ohne Wetter sich befinden und dies um so mehr, als derartige Defekte an Lutten
nicht, wie bei dem Wegbleiben der mit lautem Geräusch austretenden Compressorluft, sogleich vor Ort erkannt werden.
Es können unter solchen Umständen bei Voraussetzung heftiger
Schlagwetterentwicklung Anhäufungen Platz greifen, die, will's
der unglückliche Zufall, Ursache zu den zerstörendsten Explosionen zu werden vermögen. Unleugbar birgt ein ausgedehntes
Netz von Luttensträngen in druckreichen Grubenpartien den
Keim mancher nicht zu unterschätzender Gefahren in
sich und vermag die damit verknüpfte Verantwortlichkeit für
viele Betriebsleiter die Veranlassung sein, dem zwar theuereren,
aber einfacheren und weniger Störungen unterliegenden System
des direkten Ausblasens der comprimirten Luft vor der kritischen Luttenventilation den Vorzug zu geben.

So führe ich beispielsweise an, dass die letztere auf einer
Anzahl von Zechen des Zwickauer und des Lugau-Oelsnitzer
Kohlenreviers nur theilweise durchzuführen war.

Werden somit örtliche Verhältnisse in vielen Fällen der
Methode der direkten Verwendung gepresster Luft vor der des
Einblasens in Lutten den Vorrang verschaffen, so wird, um es
zu wiederholen, die letztere überall da, wo die Arbeitspunkte
in der Nähe der Durchgangsströme liegen und zugleich der
Gebirgsdruck ein mässiger ist, namentlich wenn es die Zuführ-
rung grosser Luftmengen gilt, aufs Wärmste zu empfehlen
sein. Denn was den Kostenpunkt anlangt, der ja bei allen
Einrichtungen eine Hauptrolle spielt, stellt sich dieser bei
der beregten Methode am niedrigsten, wie wir im Folgenden
näher begründen wollen. Greifen wir ein Beispiel aus der
Praxis heraus, so lassen sich aus demselben Grundlagen ge-

winnen, die auch für andere Fälle einen annähernden Maassstab bieten.

Auf den mehrfach genannten Schächten des Brückenberg-
Steinkohlenbau-Vereins zu Zwickau erfolgte bisher die Sonderventilation fast sämmtlicher dem Bereich der Durchgangsströme
entrückten Arbeitspunkte mittelst comprimirter Luft. Zu
diesem Behufe dienen drei Luftcompressoren, die, auf den
Schächten No. I, No. II und No. IV aufgestellt, zusammen
pro Tag 24 000 cbm Luft von atmosphärischer Spannung an-
zusaugen und bis auf 3 Atmosphären Ueberdruck zu compri-
miren vermögen.

Die Grubenbaue sind zur Zeit[6] mit einem Netze schmiede-
eiserner Compressorrohre von etwa 17 000 m Länge ausgestattet, von welchen 12 000 m auf die unvermeidlichen Haupttouren, 5000 m aber auf die Spezialbetriebe entfallen.

Die lichte Weite der Rohre beträgt bei dem überwiegend-
sten Theile (14 913 m) 40 mm und bei den übrigen 70—90 mm.

Die Anlagekosten belaufen sich:

1) Für 2 Luftcompressoren . . . . 30000,00 Mk.
2)   - die Dampfkessel (Antheil) . . . . 59610,00 -
3)   -   - Compressorrohre (incl. Gummidich-
              tungen) . . . . 18613,16 -
4)   - den Einbau der Compressorrohre . . 1200,00 -
                        Summe: 109423,16 Mk.

Werden hiervon für Verzinsung und Amortisation 10%
gerechnet, so kommen zu den Betriebskosten für die comprimirte Luft jährlich 10942,316 Mk. oder täglich (300 Arbeitstage angenommen) je 36,474 Mk.

Die Betriebskosten setzen sich zusammen aus:

Kosten der Dampferzeugung . . . . 62,39 Mk.
      -     des Schmiermaterials u. dgl. . . . . . 9,00 -
Löhne der Maschinenwärter . . . . 15,00 -
                        Summe: 86,39 Mk.

---

[6] Im Monat April 1885.

d. g. die gesammten täglichen Ausgaben 122,86 Mk. Es entfallen hiernach

auf 10 000 cbm comprim. Luft excl. Verzins. und

     Amortisat. . . . . 35,995 Mk.

u. auf 10 000 cbm comprim. Luft incl. Verzins.

     und Amortisat. . . . . 51,192 -

Ferner auf 10 000 cbm Luft v. 0 Atmosphären excl.

$$\text{Verzins. u. Amortisat.} \quad . \quad . \quad \frac{35,995}{3} = 11,998 \text{ Mk.}$$

und auf 10 000 cbm Luft v. 0 Atmosphären incl.

$$\text{Verzins. u. Amortisation} \quad . \quad . \quad \frac{51,192}{3} = 17,064 \text{ Mk.}$$

Werden endlich noch die für das Demontiren abgelegter, das Nachziehen neuer Leitungen und die für die Aufsicht erwachsenden Löhne von jährlich 1500 Mk. hinzugeschlagen, so erhöhen sich die Kosten auf täglich 127,86 Mk. und die

gesammten Erzeugungskosten betragen $\dfrac{53,285}{3} = 17,428$ Mk.

pro 10 000 cbm Luft von 0 Atmosphären Ueberdruck.

Sollte hingegen die Detailventilation mittelst comprimirter Luft unter Verwendung von Lutten durchgeführt werden, so würden z. B. in sämmtlichen Grubenbauen der Brückenberg-Schächte nach Herrn Bergdirektor Berg, dem ich alle diese Angaben verdanke, folgende Zinkluttentouren nöthig sein:

1095 m v. 130 mm l. Weite, pro m 1,40 Mk. =	1533,00 Mk.
3480 m - 280 mm - - , pro m 3,50 - =	12180,00 -
425 m - 420 mm - - , pro m 5,50 - =	2337,5 -
	Summe: 16050,5 Mk.

Die Amortisationsquote müssen wir im vorliegenden Falle zu 50% annehmen, da auf gedachten Schächten die Zinklutten nach einer zwei bis dreimaligen Verwendung — unter Berücksichtigung der Löhne für Ausrichten, Reparaturen u. s. w. sowie des Abganges — nur noch den Werth von altem Zink reprä-

sentiren, mithin . . . . 8025,25 Mk.
die Verzinsung des Anlagekapitals zu 5% . .   802,53 -
Für das Demontiren alter und Einbauen neuer
Luttenleitungen, sowie für Controle . . . .   6000,00 -
Summe: 14827,78 Mk.

Von der Compressorrohrleitung kommen hier nur die auf die (unvermeidlichen) Haupttouren fallenden Rohre — 12000 m Länge — in Betracht, mit einem Aufwand v. 13986 Mk. Hiervon 10% für Verzinsung und Abschreibung gesetzt, ergiebt jährlich . . . . 1398,60 Mk.
Die Betriebskosten für die comprimirte Luft
incl. Verzinsung und Abschreibung der Ma-
schinen- und Kessel-Anlage betragen . . . 34878,00 -
Summe: 36276,60 Mk.

so dass die Gesammtausgaben für die Sonderventilation durch Lutten und comprimirte Luft sich zu 51104,38 Mk. jährlich oder 170,35 Mk. täglich ergeben. Es verursachen hiernach 10000 cbm Luft von 0 Atmosphären Spannung einen Aufwand von $\dfrac{70,979}{3} = 23,6597$ Mk.

Ein höheres als ein fünffaches Luftquantum würde in unserem Falle durch Luttenventilation — deren Erhaltung überhaupt als möglich angenommen — kaum zu erzielen sein, da hier meist Leitungen von bedeutenden Längen (mehreren hundert Metern) in Frage kommen, mithin die Verluste — selbst bei Anwendung von Flantschenlutten — sehr grosse sein werden.

Es berechnet sich der Aufwand bei solchen Voraussetzungen für 10000 cbm den Lutten entnommene Luft auf $\dfrac{23,6597}{5} = 4,7319$ Mk., mithin 17,4280—4,7319 $= 12,6961$ Mk. weniger als bei direktem Ausblasen der comprimirten Luft. Es bedeutet das im vorliegenden Falle eine jährliche Ersparniss von 91,41192 × 300 $= 27423,576$ Mk. und es kann nicht geleugnet werden, dass dieselbe unter günstigeren Verhältnissen noch einen weit höheren Betrag erreichen wird.

Wenn einzig und allein der Kostenpunkt massgebend wäre, so würde es nicht zweifelhaft sein, wohin die Wage bei der Wahl der Luftzuführung für isolirte Betriebspunkte neigte, denn in dieser Hinsicht kann das System der direkten Benutzung comprimirter Luft mit dem des Einblasens letzterer in Lutten nicht im Entferntesten wetteifern; aber hier kommt in erster Linie die Betriebssicherheit in Betracht und ist diese nur bei dem erstgenannten System in dem erwünschten vollem Maasse gewährleistet.

Zudem werden in sehr druckreichen Gruben die häufigen Störungen, unter welchen die Luttenventilation zu leiden hat, einen etwaigen Gewinn dadurch, dass die Arbeit vielfach unterbrochen und die Leistung der Arbeiter in Folge dessen eine geringere wird, bedeutend herabmindern, wenn nicht ganz in das Gegentheil umkehren, so dass dann nicht nur hinsichtlich der Betriebssicherheit, sondern auch der Oekonomie ein Nachtheil auf Seite des in Rede stehenden Ventilationsverfahrens erwächst.

Bei Abmessung des Werthverhältnisses der beiden Ventilationssysteme drängt sich noch die Frage auf, ob denn die Wirkung der den Lutten entnommenen Luft dieselbe ist, wie die der direkt ausströmenden comprimirten, bezhtl. ob, wenn ich mich so ausdrücken darf, die Qualität beider Luftarten eine völlig gleiche ist. Dies muss entschieden verneint und der direkt verwandten gepressten Luft die bessere Qualität zugesprochen werden. Denn dieselbe vermag Dank der bedeutenden Geschwindigkeit und der ihr innewohnenden lebendigen Kraft, mit welcher sie austritt, bezhtl. dem erzeugten kräftigen Wirbel erfahrungsgemäss eine vollkommenere Durchmischung der Gase zu bewirken und hierdurch bessere Dienste zu leisten, als ein wesentlich grösseres Quantum Luft von gewöhnlicher Spannung, das schleichend dem Arbeitspunkte sich nähert und die Schlagwetter an der Firste und in etwaigen Auskesselungen zurücklassend wieder entweicht. Bereits Oberbergrath Förster hat auf diesen Umstand die Aufmerksamkeit gelenkt, indem

er darüber Folgendes äussert[7]): „Durch das Ausblasen der
Luft aus den Röhrenmündungen wird ein Luftwirbel erzeugt,
der die sich hier entwickelnden schädlichen Gase sofort im
Moment ihres Austrittes aus dem Flötze mit reiner Luft mischt
und so vor gefährlichen Ansammlungen abhält. Gerade letzterer
Umstand ist meines Erachtens nicht zu unterschätzen. Es
liegt hierin ein Vortheil, gegenüber der Zuführung der Luft
in der ganzen Weite des Streckenquerschnittes, indem bei
letzterem Verfahren ein gleiches Luftquantum in erheblich geringerer Geschwindigkeit strömt als bei der Röhrenventilation." —
Dass geringe Luftmengen von grosser Energie in vielen Fällen
mehr ausrichten als bedeutendere mit wenig lebendiger Kraft,
erhärtet übrigens die häufig beobachtete Thatsache, dass die
Zuleitung von comprimirter Luft die schlagenden Wetter sofort
da beseitigte, wo ein viel beträchtlicheres in Lutten oder im
ganzen Streckenquerschnitt zugeführtes Luftquantum nicht aus-
reichte. Das Grubengas, das seiner Natur nach beim Freiwerden aus dem Flötze sofort nach oben strebt und nur
schwer eine Diffusion eingeht, erheischt eine völlige Durch-
dringung seiner Moleküle; ein langsam fliessender Wetterstrom aber wird offenbar vor den stockenden Gasmassen vor-
beistreichen und nur einen Theil derselben mitnehmen, so
dass auf solche Weise trotz zugeleiteter grosser Luftmengen,
wie widerspruchsvoll dies auch klingen mag, der Gasgehalt vor Ort nach und nach bis zum Explosionsgrade sich
erhöhen kann.

Ich vermag nach alledem über die direkte Verwendung
der comprimirten Luft zur Sonderventilation, so sehr ich für
den strengsten Grubenhaushalt, mithin auch für die thunlichste
Ausnützung der comprimirten Luft, wo sie angängig erscheint,
eintrete, nicht ohne Weiteres den Stab zu brechen, da diese
Verwendungsart vorzügliche Dienste bietet und oft die ein-

---

[7]) Die Separatventilation und ihre Kosten von Oberbergrath B. R.
Förster im Jahrb. für das B.- u. H.-W. des Königreichs Sachsen auf das
Jahr 1882.

zige Möglichkeit gewähren wird, in das Grubenfeld vorzudringen.

Wir haben gesehen, dass die eben behandelte Einzel-
wetterversorgung mittelst comprimirter Luft, sei es in direkter
Benutzung oder auch mit Anwendung von Lutten, keine billige
ist und den Berggebäuden bedeutende finanzielle Opfer auferlegt. Wenn man zugestehen muss, dass beregte Ausgaben
von gut situirten Gruben spielend getragen werden, so sind
dieselben doch andererseits für kleinere Betriebe, sowie für
Zechen, die in Folge ungünstiger Flötz- oder anderer Verhältnisse, einen steten Kampf ums Dasein zu führen haben,
unerträglich.

Es fragt sich deshalb, ob nicht in besonderen Fällen eine
billigere, zugleich hinreichend wirksame Detailwetterführung
zu ermöglichen ist.

Die Erwägung, dass Wasser von hoher Spannung, wie
es dem Bergbau in einer Druckwassersäule meist zu Gebote
steht, beim Ausströmen in offene Rohre nicht nur das in
denselben enthaltene, wenn auch geringe Luftquantum frei werden, sondern auch in Folge des dem gespannten Wasser innewohnenden mechanischen Arbeitsvermögens geeignet sein müsse,
aus der Umgebung eine grössere Menge Luft mitfortzureissen,
veranlassten den Verfasser, darauf bezügliche Versuche[8] vor-
zunehmen, deren Ergebnisse nachstehend niedergelegt sind.

Bei einer kreisrunden Oeffnung der Düse von 5 mm Durchmesser und bei 6 atm. Spannung des Wassers entströmten
8,0 m langen und 210 mm weiten Eisenblechlutten in der
Minute 10,48 cbm gegenüber 5,83 cbm ohne Anwendung von
Druckwasser, also 80% mehr. Das die Lutten unter gewöhnlichen Verhältnissen durchziehende Luftquantum hatte sich
somit durch Ansaugen der die Düse umgebenden Luft in die
Lutten um das 1,8 fache vermehrt. In einem 66 m langen

---

[8] Herrn Bergdirektor Richter sage ich für das gütige Entgegen-
kommen, das mir derselbe bei Durchführung der Versuche bethätigte, auch
hierdurch meinen Dank.

Querschlag des Heinrich-Schachtes zu Planitz wurden bei 1,8 atm. Ueberdruck des Wassers in 235 mm weiten Lutten unter Verwendung von einer Ausblaseöffnung von 3 mm (für das gespannte Wasser) dem Orte in der Minute 9,45 cbm mit 218 m Geschwindigkeit zugeführt, während für gewöhnlich nur 7,37 cbm Luft mit 170 m Geschwindigkeit zuströmten. Bei 102 m langer Leitung gelangten unter denselben Voraussetzungen bei Wassereinspritzung in der Minute ein Luftvolumen von 7,82 cbm mit 180,5 m Geschwindigkeit gegenüber 5,64 cbm mit 130 m Geschwindigkeit ohne Wasser zum wirksamen Austritt.

Man sieht schon aus diesen wenigen Versuchen, die noch fortgesetzt werden sollen, die Verwendbarkeit dieser Art von Sonderventilation[9]). Der Vorzug des Verfahrens liegt in der ausserordentlichen Einfachheit und den geringen Kosten, welche mit demselben verknüpft sind. Selbstredend wird dieses System in Zechen, bei welchen die dem Tiefsten verfallenden Wasser in oberen Punkten abgefangen und aufgesammelt werden können, die besten Seiten zeigen, da unter solchen Umständen nur der Aufwand für die Rohrleitungen und die Abdämmung des Wassers zu bestreiten ist.

In den weitaus meisten Fällen wird freilich die Beschaffung des Wassers von der Steigwassersäule oder von über Tage zu erfolgen haben und somit der Wasserhaltung zur Last fallen.

So lange die Zahl der zu ventilirenden Betriebe in engen Grenzen, also die erforderliche Wassermasse eine geringe

---

[9]) Die gedachte Sonderventilation ist bereits seit 1883 auf den von Arnim'schen Steinkohlenwerken zu Planitz an mehreren Punkten angewendet worden.

Aus Köhler's Lehrbuch (1884 erschienen) ersehe ich, dass man auch bereits anderwärts gespanntes Wasser in ähnlicher Weise zu Ventilationszwecken benutzt. So ventilirt man die unterirdische Maschinenstube des Otto-Schachtes bei Oesede, indem man aus derselben die warme Luft mit Hilfe eines saugenden Strahlapparates entfernt und hierzu Wasser aus dem Druckrohre der Wasserhaltungsmaschine entnimmt.

bleibt, möchte die Hebung der letzteren durch die vorhandenen Wasserhaltungsmaschinen, welche in der Regel eine für den grössten Wasserandrang bemessene Grösse besitzen, ihre ganze Leistungsfähigkeit aber höchst selten zu entwickeln haben, leicht bewerkstelligt werden können. Nur wenn die Wasserhaltungsmaschinen der überschüssigen Kraft ermangeln oder solche überhaupt fehlen, würde, wenn man zu diesem Zwecke nicht ein besonderes Pumpenwerk vorsehen will, von dem beregten Ventilationsverfahren Abstand zu nehmen sein. — Um dem Quellen des Sohlengebirges auf druckhaften Flötzen, sowie der Unsauberkeit der Grubenbaue, welche die Benutzung von Wasser zu Ventilationszwecken mit sich bringt, zu begegnen, kann man letzteres in Behältern auffangen und in besonderen Röhren nach geeigneten Punkten zurückleiten, womit allerdings eine Vertheuerung des Verfahrens Platz greift.

Was hingegen die Hebung des Einspritzwassers anlangt, so ist zweifellos dem in Rede stehenden System eine Schranke gezogen, die besonders in Schächten von grosser Teufe sich als unübersteiglich erweisen wird und kann es in dieser Hinsicht mit der Ventilation durch comprimirte Luft nicht in Wettkampf treten. Da dasselbe im Uebrigen auch die Verwendung von Lutten bedingt und ihm sonach alle die Nachtheile, welche ich oben ausführlich dargelegt, anhaften, so erscheint sein Anwendungsgebiet als ein eng begrenztes. Gleichwohl werden die grosse Einfachheit dieses Verfahren überall da, wo die örtlichen Verhältnisse es zulassen, insbesondere wo nur eine geringe Zahl entlegener Arbeitspunkte zu bewettern ist, gegenüber der Benutzung gepresster Luft empfehlen.

Mag nun die Sonderventilation in der einen oder anderen Weise zur Durchführung kommen, stets wird dieselbe in Verbindung mit starken Hauptwetterströmen (namentlich von blasender Wirkung) einen mächtigen Hebel zur Herabminderung der Schlagwettergefahren bilden.

V.

Die Wettermengen.

Nachdem wir zu der Erkenntniss gekommen, dass das Pulsiren frischer Luft im Gesammtorganismus wie in allen, auch den entferntesten Theilen des Grubenkörpers unter den Mitteln zur Verhütung von Wetter-Explosionen die bedeutsamste Rolle spielt, so tritt noch an uns die Frage heran, welches Luftquantum denn zur Herstellung gesundheitlicher und gefahrloser klimatischer Verhältnisse in mit Schlagwettern behafteten Steinkohlenbergwerken erforderlich ist.

Die Veränderungen, welche die Luft bei ihrem Umzuge durch die Abbau- und Streckengebiete erleidet, werden bekanntlich durch das Athmen der Menschen und Thiere, durch das Brennen der Lichter, durch das Wegthun von Schüssen, vor allem aber durch die Entwicklung schädlicher Gase aus den Flötzen und Wüstungen bedingt und sind hiernach zur Feststellung des Ventilationsquantums die Grösse der Belegschaft, die Stärke der Ausströmung des Grubengases, der Kohlensäure u. s. w., die Ausdehnung der Bruchfelder und — nicht zum Letzten — das den Gasaustritt mehr oder weniger begünstigende Ventilationssystem die ausschlaggebenden Faktoren.

Leider aber bieten die meisten derselben keine verlässlichen Unterlagen zur Berechnung der nöthigen Luftmengen und insbesondere vermögen wir nicht im Voraus den Grad in der Entwicklung der Gase festzusetzen.

Es ist deshalb das einer explosionsgefährlichen Zeche zuzuleitende Luftvolumen, wenn es auch nur mit einiger Annäherung geschehen soll, von vornherein äusserst schwer zu bestimmen und muss je nach dem frei werdenden Gasquantum in sehr weiten Grenzen schwanken. Gleichwohl hat das anerkennenswerthe Streben, die Grubenhygiene zu fördern und die Wetterunfälle zu beschränken, immer und immer wieder die Forderung zur Reife gebracht, den Kohlenbergwerken auf dem Verordnungswege gewisse Minima von Wettermengen vorzuschreiben und da auch neuerdings dieselbe mit grösstem Nachdruck erhoben wird, so dünkt mir eine Prüfung darüber am Platze, ob bestimmte Vorschriften in der in Rede stehenden Materie mit Aussicht auf Durchführbarkeit erlassen werden können und welchen Weg die Berggesetzgebung hierbei einzuschlagen hat.

Die Vorschläge über die Normirung des Ventilationsbedarfes für schlagwetterführende Zechen beruhen, wie es bei der Mannigfaltigkeit der Verhältnisse, die da mitwirken, nicht anders sein kann, auf den verschiedensten Grundlagen und sind in dem darüber unter den Fachkreisen entbrannten Streite vielfach Theorie und Praxis hart aneinander gerathen.

Zunächst hat man, von der Erwägung geleitet, dass die Gasentwicklung zu der Stärke des Betriebes und der Anzahl der beschäftigten Mannschaften in gewissem Abhängigkeitsverhältniss stehe, die Belegschaften der Grube als Maassstab für die Verschlechterung der Luft in Betracht gezogen und das Gesammtwetterquantum darnach zu regeln versucht. Die Ansichten der Bergtechniker gehen bezüglich des letzteren aber sehr weit auseinander und während die Einen 1 cbm pro Mann der Belegschaft und pro Minute für hinreichend erklären, um die Baue schlagwetterfrei zu erhalten, beanspruchen Andere, wie z. B. eine Anzahl belgischer und englischer Bergingenieure weit höher, zwischen 2,5—4,0 cbm betragende Mengen.

Die praktischen Erfahrungen bestätigen indess, dass die letzteren Luftvolumina bei heftigen Kohlenwasserstoffgasausströmungen auch nicht genügen, dass dagegen bei geringem Gasaustritt d. i. in der Mehrzahl der Fälle Luftmengen von 1—2 cbm die gesundheitlichsten und sichersten Zustände zu begründen vermögen.

Die Feststellung des Ventilationsquantums nach der Anzahl der lebenden Wesen möchte hiernach keinen besonderen praktischen Werth haben und bleibt überdies zu berücksichtigen, dass solchenfalls Zechen mit starker Schlagwetter-

bildung hinsichtlich der Ventilation nicht leistungsfähiger zu
sein brauchen, als die mit schwachen Gasentwicklungen und
dass recht wohl Wetterströme, die weit das gesetzliche Mini-
mum überschreiten, die unterirdischen Baue durchziehen
können, ohne dass damit die geringste Gewähr für eine Beseitigung der entzündlichen Gase gegeben wird. Sind doch
die jüngsten furchtbaren Katastrophen in Gruben erfolgt, denen
Luftmengen zur Verfügung standen, welche selbst die weit-
gehendsten Forderungen übertrafen, wie beispielsweise auf
Zeche Camphausen durchschnittlich auf jeden in der Grube
beschäftigten Arbeiter während der Tagesschicht 4,5 cbm und
während der Nachtschicht (der Zeit der Explosion) fast 10 cbm
frischer Wetter in der Minute entfielen[1]).

Die Bestimmungen, welche die Luftmengen nach dem
Förderquantum — in Frankreich z. B. pro Secunde in Cubik-
metern gleich $^1/_{10}$—$^1/_{20}$ der in 24 Stunden getriebenen Tonnen-
zahl — bemessen, sind von den soeben entwickelten Gesichts-
punkten aus gleichfalls zu verwerfen, denn obwohl nicht in
Abrede gestellt werden soll, dass die den Flötzen entquellenden
Gase der Ausdehnung der in Angriff genommenen Abbaue und
somit der Höhe der Förderung ungefähr proportional sind,
möchte doch die hierauf gegründete Zufuhr frischer Luft in
Ansehung des Umstandes, dass die Gasausströmung durchaus
nicht immer mit dem Förderquantum gleichen Schritt hält,
fragwürdiger Natur sein.

Nur um für eine in der ersten Anlage begriffene Grube
a priori das Wetterquantum zu bestimmen, mag es berechtigt
sein, die künftig muthmasslich grösste Belegschaft oder Förderung als Maassstab in Anspruch zu nehmen; im Uebrigen
erscheinen, wie gesagt, Normirungen dieser Art sehr gering-
werthig.

Weit richtiger und besser ist der von Dr. Schondorff
gemachte Vorschlag, die auf eine gewisse Länge (1000 m) im
Durchschnitt ermittelte Verschlechterung des Wetterzuges zum

---

[1]) Nach dem Berichte des Staatsanzeigers.

Anhalten für das zur Erreichung einer unschädlichen Verdünnung der Gase erforderliche Luftvolumen zu nehmen[2]) und lässt sich nur der Einwurf dagegen geltend machen, dass das chemische Temperament der Grube, wenn es eine sichere Grundlage bieten soll, die häufige Vornahme von umständlichen zeitraubenden chemischen Durchschnittsermittelungen der ausziehenden Wetter zwingend fordert, da innerhalb kurzer Zeiträume die Abbauverhältnisse, die Stärke des Betriebes u. s. w. hiermit aber die Mengen der schädlichen Gasarten wesentliche Aenderungen erfahren können.

Wie das summarische Wetterquantum, so ist man auch bestrebt, die Luftzuführung für die Sonderbetriebe nach den vorgetragenen Anhaltspunkten zu regeln und hat man u. A. hierbei die Forderung von 1,5—2 cbm pro Kopf und Minute erhoben. Wenn man aber bedenkt, dass das Bedürfniss von Wettern für jeden Arbeitspunkt sich ausserordentlich verschieden gestalten kann, da beispielsweise bei einem Austritt von 0,01 cbm Gas 0,35 cbm Luft, (in Würdigung des Umstandes, dass mindestens das 35 fache frischer Wetter dem jeweiligen Gasquantum hinzuzufügen ist), bei einer Ausströmung von 4 cbm[3]) Kohlenwasserstoffen aber 140 cbm Luft zu beschaffen sein würden, so erkennt man die völlige Unzulänglichkeit derartiger Vorschriften, die nur den Gruben recht erhebliche Erschwernisse bereiten, indem sie meist (bei geringen Gasentwicklungen) übertrieben grosse Ventilationsmengen fordern, beziehentlich die direkte Verwendung comprimirter Luft für die Einzelwetterführung zur Unmöglichkeit machen.

Es erscheint mir nach alledem die Festsetzung von Normalien für die Wettermengen, vor allem bei Specialbetrieben, durch Bergpolizeiregulative unrathsam und vermag ich in den Ruf nach solchen als ein Vorbeugungsmittel gegen Explosionsgefahren durchaus nicht mit einzustimmen.

---

[2]) S. Näheres darüber in der Zeitschrift für B.-, H.- u. S.-W. Bd. XXIV.

[3]) Der Praxis entnommene Beispiele.

Es müssen meines Dafürhaltens die Details der Wetterführung jeder Betriebsleitung überlassen werden, welche die
Arbeitspunkte unter ständiger Aufsicht zu halten und darnach
die nöthigen Wettermengen zu regeln hat. Denn ich kann
mich der Ueberzeugung nicht verschliessen, dass, wenn man
auf der einen Seite durch zu viele Vorschriften den Spielraum
der Betriebsbeamten einschränken will, auf der andern Seite
die selbstthätige Prüfung seitens derselben gelähmt wird.

Nach den vorstehenden Darlegungen leuchtet die Unmöglichkeit ein, allgemein gültige Regeln über die Normirung des
den Gruben nothwendigen Luftbedarfs aufzustellen.

Es genügt, für die Ventilation explosionsgefährlicher
Zechen die Forderung aufrecht zu erhalten, dass dieselbe
geeignet ist allen in Fahrung oder Belegung stehenden Punkten
ein solches Luftvolumen zuzuführen, dass grössere Gasansammlungen vermieden und die Arbeiter deren schädlichen und ge-
fahrbringenden Einflüssen entzogen bleiben.

Eine Kohlenwasserstoffbeimengung von 10 pro
Mille, welche noch von einer empfindlichen Sicherheitslampe[4]) markirt wird, darf wohl als das Maximum
des mit der Sicherheit der Belegschaft Verträglichen
gelten und es kann nur diejenige Ventilation, welche
eine dauernde Ueberschreitung dieses Maximums vor
jedem Arbeitspunkte verhindert, als eine genügende
erachtet werden.

Bezüglich der Luftverunreinigung aus der Kohlensäure
ist im Auge zu behalten, dass die Ziffer der Beimischung
derselben, wenn ein für die Mannschaft gesundes Klima gewahrt werden soll, sich vor keinem Betriebe gleichfalls über
10 pro Mille dauernd erheben darf.

Da die Entwicklung der Gase rasch wechseln und sich,
wie bei heftigen Ausbrüchen, der Grubenluft in weit höherem

---

[4]) Die Wolf'sche Benzinlampe z. B. zeigt durch die Erscheinung
der Aureole einen Grubengasgehalt von 10 pro Mille, wenn auch nur
schwach, doch genügend an. Die Pieler'sche sogar eine solche von
2,5 pro Mille.

als dem oben angegebenen Procentsatz beimengen kann, so soll die Möglichkeit vorliegen, die Wetterführung nach dem jeweiligen Bedürfnisse verstärken und den Arbeitspunkten das gewöhnliche Maass weit übersteigende Luftmengen zuführen zu können.

Behufs Erfüllung dieser Bedingungen müssen die Ventilations-Anlagen immer grössere Luftmengen gestatten als der normale Betrieb erheischt, ein Punkt, welcher in der Praxis die ihr gebührende Beachtung häufig nicht erfährt.

Meist erweisen sich namentlich die Dampfmaschinen in ihren Dimensionen zu klein und von zu schwacher Construktion; demgemäss können die Geschwindigkeiten, welche dieselben unter gewöhnlichen Verhältnissen machen, nicht weit überstiegen werden, andernfalls grössere, die Situation nur verschlimmernde Brüche zu befürchten sind, und wird das Vertrauen auf die vorzügliche Ausführung der Maschinen-Anlage bei eintretenden Ereignissen in empfindlichster Weise erschüttert. Vor solchen Eventualitäten vermögen nur eingehende Prüfungen der Maschine bei Uebernahme zu bewahren, die sich insbesondere darauf erstrecken müssen, ob die Grösse derselben, beziehentlich ob der Dampfcylinder in richtigem Verhältniss zu der gewünschten Leistung steht. Aber auch fortlaufende — von Zeit zu Zeit durchzuführende — Versuche mittelst Indicator u. dergl. sind eine zwingende Forderung, da nur durch diese die Reparaturbedürftigkeit der inneren Maschinentheile (ich erinnere an die Undichtheit des Kolbens, der Steuerungen u. s. w.) oder sonstige Mängel, welche hemmend auf die Leistungsfähigkeit einwirken, aufgedeckt werden.

Es bilden beregte Untersuchungen ein ausgezeichnetes Mittel, sowohl den Bergwerksbesitzer vor unangenehmen Ueberraschungen zu sichern, wenn es gilt, die Dampfmaschine zu „forciren" als ihn auch vor anhaltender Kohlenverschwendung zu schützen.

Wenn ich Oberbergrath Förster[5]) darin vollkommen bei-

---

[5]) Vgl. Jahrb. für das B.- u. H.-W. des Königreichs Sachsen auf das Jahr 1879, I. Theil S. 49.

pflichte, dass man sich hüten muss, die Reserve, welche ein Ventilator bietet, in ihrer Wirkung zu überschätzen, da die Wettergeschwindigkeiten nur im Verhältnisse der Cubikwurzeln der sich steigernden Kraft wachsen, so möchte ich dieselbe doch niemals missen, da unter Umständen eine geringe Erhöhung des Ventilationsquantums vorzügliche Dienste leisten kann.

VI.
Die Abbauweisen.

Mit einer gehörigen Ventilation, welche in erster Linie bei Bekämpfung des Grubengases in Frage kommt, müssen, da durch dieselbe eine gänzliche Unschädlichmachung der Schlagwetter nicht zu erreichen ist, noch weitere Massnahmen behufs Erzielung thunlichst hoher Sicherheit Platz greifen. Unter diesen nimmt einen bedeutungsvollen Rang die Anordnung der Grubenbaue ein, da dieselbe von wesentlichem Einfluss auf die Wetterführungsverhältnisse sich erweist.

Man würde aber fehlgehen, wenn man, wie es in jüngster Zeit von fachmännischer Seite geschehen ist, bei der Wahl der Abbaumethoden für schlagwetternöthige Zechen die Ventilation als das massgebendste Moment aufstellen wollte. Hier sind andere Rücksichten noch bestimmend und vor Allem die Mächtigkeit des Flötzes, deren Neigung und Beschaffenheit, sowie das Verhalten des Nebengesteins ausschlaggebend. Es darf nicht vergessen werden und die Statistik aller Kohlenbergbau treibenden Länder weist es nach, dass ein wesentlich grösserer Procentsatz von Verunglückungen durch mit dem Abbau der Flötze in engster Beziehung stehenden Gesteinsfall[1] hervorgerufen wird, wie durch alle anderen Ursachen,

---

[1] So kommen nach einem 6jährigen Durchschnitt in England (s. Bergrath Kreischer, Beitrag zu einer vergleichenden Unfallstatistik für den englischen und sächsischen Steinkohlenbergbau) 39,4% und in Sachsen 34,6% auf Verunglückungen durch Gesteinsfall; aber nur 22,8%, bez. 18,8% auf die durch Schlagwetterexplosionen.

und es könnte, wenn das Abbausystem sich in den Rahmen der Wetterführung statt umgekehrt einfügen sollte, sehr leicht das Gegentheil von dem Erstrebten eintreten und die Gesammtgefahr erhöht werden.

Es kann nicht unsere Aufgabe sein eine genauere kritische Würdigung aller der auf Grubengas führenden Steinkohlenflötzen üblichen Methoden des Abbaues zu geben, vielmehr wollen wir uns daran genug sein lassen, die wichtigsten Punkte aus diesem umfangreichen Gebiete zu streifen.

Die mit der Kohlengewinnung in ursächlichem Zusammenhange stehende und während deren Dauer stattfindende Entwickelung des Grubengases hat die mannigfachsten Erörterungen über die Vortheile eines mehr oder minder concentrirten Abbaues wachgerufen, ohne dass bis jetzt eine völlige Einigung der Ansichten erzielt ist. Während der eine Theil der Sachkundigen die Forderung erhebt, das Vorrücken der Abbaue in langsamem Tempo zu bewirken und eine nur beschränkte Zahl von Betrieben in jeder Bauabtheilung zu etabliren, ja sogar zwischen den Vorrichtungs- und Abbauarbeiten eine grössere Pause eintreten zu lassen, um die starke Gasentbindung, welche bei raschem Blosslegen grosser Flächen unvermeidlich ist, zu verhindern, glaubt ein anderer Theil das Hauptgewicht gerade auf einen concentrirten und schnellen Abbau legen zu müssen, da nur bei diesem in Folge geringerer Zersplitterung des Wetterstromes eine kräftige Ventilation ermöglicht und überdies das Regewerden von Druck vermieden, und hierdurch die für regelrechte Leitung der Grubenluft so nothwendige Erhaltung der Wetterstrecken am besten gesichert, endlich auch als kostbare Beigabe ein reicherer Stückkohlenfall erzielt werde.

Die Lösung der vorstehenden Frage beruht unstreitig auf den Erfahrungen und Beobachtungen der einzelnen Steinkohlenwerke und was für das eine passend erscheint, ist es nicht zugleich für das andere.

Es ist zweifellos, dass in besonders gasreichen Flötzen ein rascher Aufschlussbetrieb manche Gefahren mit sich bringt, da mit dem Blosslegen neuer Oberflächen in kurzen Zeiträumen

Gasmengen frei werden können, die die explosivsten Gemische zu bilden geeignet sind. In Berücksichtigung dessen wird in manchen schlagwetterreichen belgischen Gruben die Praxis geübt, nach der Gewinnung des Einbruchs den Arbeitsstoss erst in der Weise zur Ruhe kommen zu lassen, dass man von der Fortsetzung der Arbeit so lange Abstand nimmt, bis eine normale Entwickelung schlagender Wetter nicht mehr erfolgt[2]).

Sind hiernach Abbausysteme mit concentrirter Gewinnung, wie der von Dr. Gurlt[3]) warm befürwortete Langstossbau, nicht immer, insbesondere auf Flötzen mit heftiger Gasbildung, empfehlenswerth, so müssen wir uns andererseits gegenwärtig halten, dass in sehr vielen Zechen die Gebirgs - und Druckverhältnisse eine thunlichst energische Inangriffnahme der Baufelder gebieterisch fordern, da eine lange Inanspruchnahme der aufgefahrenen Strecken und Baue für den Betrieb ohne schwere finanzielle Opfer nicht möglich ist. In solchen Fällen muss der in Folge des schnellen Vordringens der Abbauarbeiten erhöhten Grubengasentbindung durch eine Steigerung der Ventilationskräfte begegnet werden.

Um den Gasansammlungen in den Wüstungen der Kohlenbergwerke und den etwaigen plötzlichen Ausbrüchen derselben vorzubeugen, ist der Vorschlag erhoben worden, für alle schlagwetternöthigen Zechen Abbaumethoden mit Bergversatz vorzuschreiben. Wenn der Werth derselben hierfür, sowie zugleich für eine concentrirte Ventilation der Arbeitspunkte, bezhtl. unter gewissen Verhältnissen auch zur Verhütung von Grubenbränden vollständig anerkannt werden muss, so ist doch in's Auge zu fassen, dass dieser Werth häufig durch die gute Beschaffenheit des Hangenden, insofern als der Raum zwischen dem sich senkenden Versatze und dem unverändert bleibenden Dachgebirge den Gasen zur Anhäufung Schlupfwinkel bietet,

---

[2]) Glückauf, Jahrg. 1884. No. 1, 3 und 4.

[3]) Dr. Gurlt, über den Abbau Grubengas führender Steinkohlenflötze. Vortrag, gehalten auf dem II. Allgemeinen Deutschen Bergmannstage zu Dresden.

wesentlich herabgestimmt wird. Ueberdies bleibt aber noch zu berücksichtigen, dass die Versatz-Abbaumethode sehr häufig, so auf allen mächtigen scheerenarmen Flötzen, aus Mangel an den nöthigen Bergen kaum oder nur unter ganz unverhältnissmässig grossem Geldaufwand zu bewerkstelligen ist. Sollte daher die beregte übertriebene Forderung zum Gesetz erhoben werden, so würde der Ruin einer grossen Zahl von Zechen ohne Weiteres nachfolgen. Man vergegenwärtige sich nur die Lage der Kohlenindustrie im westfälischen und in dem Lugau-Oelsnitzer Revier, um die Berechtigung des Gesagten zu erkennen. Im ersteren halten sich 35% von den Bergwerken nur durch Zubussen ihrer Besitzer über Wasser und 40% erfordern zwar keine Zuschüsse, geben aber auch nicht einen Pfennig Ausbeute. Im Lugau-Oelsnitzer Revier liegen die Verhältnisse nicht besser, denn von den daselbst im Betrieb stehenden Kohlenwerken führen ca. 61% thatsächlich einen Kampf ums Dasein.

Man wird über die Unmöglichkeit einer allseitigen Einführung von Abbaumethoden mit Versatz sich ein Urtheil bilden können, wenn man an einem besonderen der Praxis entlehnten Falle eine Prüfung vornimmt.

Bei einer Zeche mit täglich 600 t. Kohlenförderung seien die aus den Bergmitteln und dem Nachfalle der Flötze, den Querschlägen u. s. w. gewonnenen Berge hinreichend, um die Hälfte der durch den Kohlenverhieb entstandenen Hohlräume ausfüllen zu können. Die noch fehlenden 50% d. s. etwa 240 cbm Berge müssten, wenn eine Abbaumethode mit vollem Versatze durchgeführt werden sollte, in anderer Weise beschafft werden. Nehmen wir hierzu im Kohlengebirge anzulegende Bergmühlen in Aussicht, so wird die Gewinnung, Förderung und das Versetzen der Berge, falls Gestein von mittlerer Festigkeit und mässige Förderlängen unterstellt werden, pro Cubikmeter 2,5—3,5 Mk., im Mittel 3 Mk. Löhne[4]) bean-

---

[4]) Bei einem mir bekannten Steinkohlenbergwerke, welches die Versatz-Abbaumethode auf einem 3 m mächtigen scheerenarmen Flötze behufs Verhütung von Grubenbrand durchführt, stellen sich, soweit die Bergmittel der anderen vorhandenen Flötze das Material liefern, die Kosten pro cbm.

spruchen und hiermit der betr. Zeche ein täglicher Aufwand von $240 \times 3 = 720$ Mk. oder jährlich (300 Arbeitstage angenommen) 216 000 Mk. erwachsen.

Dass derartige unproduktive Ausgaben den Lebensnerv von selbst gutsituirten Gruben durchschneiden, beziehentlich die Mittel vieler an sich schon durch die von Jahr zu Jahr zunehmenden Lasten stark in Anspruch genommenen Bergwerksgesellschaften zur völligen Erschöpfung bringen würden, ist leicht begreiflich. Wenn darauf hingewiesen worden ist, dass bei dem englischen Steinkohlenbergbau der Strebbau sogar auf mächtigen reinen Flötzen in den letzten Jahren Eingang gefunden habe, so mögen die örtlichen Verhältnisse diesen letzteren wohl begünstigt haben; im Allgemeinen wird aber bei Mangel an Bergen an den üblichen, das Dach zu Bruche bauenden Methoden aus Gründen der Ersparniss festzuhalten sein, wie selbstredend überall da, wo genügende Bergmassen zur Verfügung stehen, den Versatzabbauen der Vorrang eingeräumt werden muss.

Da hiernach in vielen Gruben mit grossen Hohlräumen zu rechnen sein wird, die sich mit Gasen erfüllen können, so entsteht die weitere Frage, ob eine Ventilation derselben zweckmässig erscheint, von hoher Bedeutung. Wenn, was nicht selten geschieht, der alte Mann in Folge von festem Hangenden in grosser Ausdehnung und auf längere Zeit offen bleibt oder auch aus groben Blöcken besteht, so wird eine ergiebige Lüftung desselben jedenfalls grossen Nutzen gewähren, da hierdurch die gefahrdrohenden Ansammlungen von Schlagwettern am besten verhütet werden möchten; in Wüstungen aber mit klaren Bruchmassen, die sich sehr bald dicht zusammensetzen, also der Luft keinen oder nur geringen Durchgang gestatten, wird eine Wetterlosung eine nur untergeordnete

---

Versatz auf 0,50—0,75 Mk; dagegen, wenn, was selten erforderlich, die Versatzmassen über Tage zu gewinnen und in die Grube anzufördern sind, pro cbm. bis auf 2 Mk. Es möchten hiernach für den Fall, dass die Berge mittelst Bergmühlen beschafft werden, 3 Mk. pro cbm. Versatz nicht zu hoch gegriffen sein.

Rolle spielen, ja auf allen zu Brand geneigten Flötzen sogar eine gefährliche Wirkung äussern, indem die durchziehenden Wettermengen zu gering sind, um eine gründliche Abkühlung des Bruches zu bewirken, so dass leicht eine Zersetzung der in dem Bruche selbst bei rationellstem Abbau in geringen Mengen zurückbleibenden Kohlen und schliesslich deren Entzündung eintritt. Auf den von Arnim'schen Steinkohlenwerken zu Planitz wird aus letztgedachtem Grunde die Ventilation des alten Mannes sorgfältigst zu vermeiden gesucht, selbst auf Flötzen, deren Hangendes in groben Wänden bricht und stellt man jetzt da, wo der Wetterstrom durch die Wüstungen zur thunlichsten Abkürzung des Weges geführt wird, 40×50 cm weite Kanäle aus Ziegelmauer her. Dieselben werden überwölbt oder mit Platten belegt, gut verputzt und mit klaren Bergen bedeckt, um sie vor Beschädigungen beim Brechen des Hangenden zu schützen. Selbstredend ist auf die Undurchlässigkeit der Kanäle besondere Sorgfalt zu verwenden, da diese andernfalls gleichwie Roste wirken und gefahrbringend werden können. Sobald die Kanäle, die höchstens eine Länge von 40 bis 50 m erreichen, ihren Zweck erfüllt haben, werden sie an den Mündungen vermauert; nicht minder schliesst man nach dem Verhieb einer Bauabtheilung alle mit den Wüstungen derselben irgendwie in Verbindung stehenden Baue (Strecken, Querschläge u. dgl.) durch möglichst dichte Mauerdämme ab, um den Austritt von Gasen einer-, und den Zutritt von frischer Luft andrerseits unmöglich zu machen. Die beschriebenen Kanäle lassen sich freilich auf Flötzen mit quellendem Sohlengebirge nicht herstellen und ist in solchen Fällen die Führung der Wetter, falls deren Eindringen in den Bruch gehindert werden soll, in anderer Weise zu regeln.

Der Vorschlag des französischen Bergingenieurs Soulary[5], die alten Baue mit aus Bergmauer hergestellten Kanälen zu drainiren und denselben das Gas vor der Vermengung mit

---

[5] Annales des mines, 7. Sér. Bd. XI S. 241 u. fg. S. auch Schlussbericht der französischen Schlagwettercommission in der Zeitschrift für B.-, H.- u. S.-W. Bd. 29, S. 356 u. fg.

der Grubenluft zu entziehen, bezhlt. nach dem Wetterauszugsschachte abzuleiten, ist theoretisch ein sehr schön durchdachter;
indess müssen die gerechtesten Zweifel an dessen praktischer
Durchführbarkeit gehegt werden, da schwerlich die Kanäle in
solcher Ausdehnung in den Wüstungen aufrecht zu erhalten
sein würden, ganz abgesehen davon, dass wo grösserer Sohlen-
druck vorhanden, der Plan zur Unmöglichkeit wird.

Auf welche Abbaumethode aber auch die Wahl fallen
möge, so ist als allgemeiner Gesichtspunkt festzuhalten, dass
die Arbeiten möglichst gleichmässig, regelmässig und wo die
örtlichen Verhältnisse es gestatten, derart durchgeführt werden, dass die „passiven" Baue ein höheres Niveau einnehmen
als die „aktiven", da nur auf diese Weise eine zweckmäsige
Führung der Wetter bewirkt werden kann.

Ein weiterer befolgenswerther Grundsatz beim Abbau
schlagwetternöthiger Flötze gipfelt darin, die einzelnen Bau-
abtheilungen nicht zu gross zu nehmen, da hierdurch einerseits eine bessere Wettervertheilung ermöglicht wird, andrerseits bei etwaigen Explosionen die Folgen derselben auf einen
kleineren Herd beschränkt bleiben.

VII.
Die Beleuchtung.

Wie die Praxis uns in den auch auf bezüglich der Ventilation, der Abbauweise u. s. w. besteingerichteten Zechen
wiederkehrenden Explosionen belehrt, ist es nicht immer
möglich, die Bildung grösserer Schlagwettergemische zu verhindern. Ich brauche nur an die sudden out bursts des englischen und an die dégagements instantanés des belgischen
Steinkohlenbergbaues, an den Aufhieb starker Bläser, an den
nachträglichen Niedergang von Dachgebirge in den mit Gas
erfüllten alten Mann zu erinnern, um gegenüber solchen Ausbrüchen von Schlagwettern unsere Ohnmacht selbst mit den
vollkommensten Vorrichtungen allgemeiner wie Sonder-Venti-
lation zu bekunden. Wer gedächte hier nicht des furchtbaren

Ereignisses auf Grube **Agrappe** bei Frameries (in Belgien) vom 17. April 1879, bei welchem in verhältnissmässig kurzer Zeit gewaltige Gasmassen (man spricht von 500 000 cbm) ins Innere der Grubenräume sich ergossen und in 9 Explosionen gleich einander ablösenden Gewittern 121 Menschen das Leben raubten und einen überaus grossen materiellen Schaden verursachten?

Gehören derartige **plötzliche Ergüsse** grosser Gasmengen glücklicherweise zu den Seltenheiten und hat insbesondere der deutsche Steinkohlenbergbau nur wenig darunter zu leiden, so gebietet doch die Vorsicht, selbst aussergewöhnlichen Fällen gegenüber gerüstet zu sein und Massnahmen behufs Abwehr der daraus entspringenden Unfälle zu treffen.

Es drängt sich hiernach die Frage auf, welche Mittel sind in Anwendung zu bringen, um zu verhindern, dass explosive Gasgemenge explodiren?

Die Erfahrungsthatsache, dass Schlagwetter sich an einer offenen Flamme zu entzünden vermögen, verpflichtet uns, in erster Linie für eine zweckentsprechende Beleuchtung zu sorgen.

Die Sicherheitslampe bietet für die Baue schlagwetternöthiger Zechen im Allgemeinen ein sehr brauchbares Beleuchtungsmittel. Ihre Bedeutung ist aber leider oft überschätzt worden und wird es wohl auch heute noch, denn in ihrem Besitz glauben Viele ungestraft in die explosibelsten Schlagwettergemische eindringen, ja sogar in denselben arbeiten zu können. Dass die Sicherheitslampe einen vollkommenen Schutz gegen die Schlagwettergefahren nicht gewährt, ist zur Genüge erwiesen und beleuchtet die bergmännische Unfallstatistik aller Länder diese Wahrheit in den grellsten Farben. So kommen beispielsweise beim preussischen Steinkohlenbergbau etwa ein Fünftel sämmtlicher 1861—1881 stattgehabten Explosionen, beim belgischen aber rt. 36% aller während 1821—1879 vorgekommenen Schlagwetter-Katastrophen auf solche Fälle, in welchen die Sicherheitslampe den Schutz versagte. Man wird auch über den verhältnissmässig geringen Grad der Sicherheit der beregten Lampen kaum erstaunt sein.

Denn nicht nur, dass die Wirksamkeit ihrer schützenden Hülle durch die mannigfachsten Ursachen, wie Schadhaftwerden des Drahtkorbes, Bruch des Cylinders u. dergl. m. augenblicklich vernichtet und eine etwaige Ansammlung von Grubengas entzündet werden kann, spielt gerade hier menschliche Schwachheit und Bosheit eine bedeutungsvolle Rolle. Ist es doch nur zu sehr erwiesen, dass die festesten Verschlüsse und die Androhung der härtesten Strafen leichtsinnige und fahrlässige Arbeiter von dem Oeffnen der Lampen nicht abzuhalten vermögen. (Vergl. a. Abschn. X.)

Wenn man sich zudem gegenwärtig hält, dass an staubreichen Betriebspunkten die feinen Kohlenstäubchen die Maschen des Drahtnetzes erfüllen und hiermit dessen Schutzwirkung aufheben, ja dadurch erst recht eine Entzündung schlagender Wetter veranlassen können und wenn man schliesslich erwägt, dass die Arbeiter bei Sicherheitslampen, die ihnen für alle Fälle als ein Palladium gegen die Schlagwetter erscheinen, sich — so sehr dies auch bestritten wird, es bleibt doch Wahrheit — fast ausnahmslos in grösserer Sorglosigkeit einwiegen, als bei gewöhnlicher Beleuchtung[1]), alles das überdenkend, wird man unwillkürlich auf den Gedanken geleitet, ob es nicht angezeigt erscheine, die Sicherheitslampen auf das äusserste Maass der Benutzung zurückzuführen und doch dafür offenes Geleuchte, das denselben gegenüber mannigfache Vorzüge besitzt und deshalb noch viele warme Verehrer findet, zuzulassen, obwohl man damit den Grundsatz, jede freie Flamme in grubengasführenden Bauen zu vermeiden, verletzte.

Wenn nun meines Dafürhaltens in Bergwerken mit wenig Schlagwettern, die wir Dank der hochentwickelten Ventilationstechnik jetzt in solcher Weise zu ventiliren im Stande sind, dass grössere Gasansammlungen unbedingt ausgeschlossen bleiben, recht wohl offenes Licht zu gestatten wäre, so muss dagegen dasselbe in allen zu starker Entwicklung, sowie zu

---

[1]) Diese Sorglosigkeit ist bekanntlich auch die Hauptursache gewesen, dass kurz nach Einführung der Sicherheitslampe in den englischen Zechen die Unglücksfälle durch Schlagwetter sich bedeutend vermehrten.

plötzlichen Ausbrüchen von Schlagwettern neigenden Zechen — der weit überwiegenden Zahl des Steinkohlenbergbaues, da auch die Wüstungen sich in Gasreservoire umwandeln können (s. Abschn. II.), — selbst bei der ausreichendsten Wetterführung als gefährlich und unzulässig bezeichnet werden.

Es bliebe, wollte man die Sicherheitslampe verbannen, nur übrig, an Stelle der flammenden Beleuchtung flammenlose in Gebrauch zu ziehen. Alle Bemühungen der Chemiker aber, die Lampe durch einen nicht flammenden hellleuchtenden Körper zu ersetzen, sind bis jetzt fruchtlos gewesen.

Die Versuche endlich, elektrische Beleuchtung, welche noch die verhältnissmässig grösste Sicherheit gewähren würde, in die bergmännische Praxis einzuführen, sind zur Zeit noch nicht gelungen und möchten erst dann, wenn die Elektrotechnik frei tragbare und von den Arbeitern wie anderes Geleucht zu handhabende Lampen bietet, also für dieselben das jetzt nothwendige in den weitverzweigten Grubenbauen ausserordentlich complicirte und durch seine Erhaltung und fortwährende Verlagerung höchst kostspielige Netz von Leitungsdrähten fortfällt, zu einem günstigen Abschluss führen. Die neuerdings von dem französischen Elektriker Trouvé construirten tragbaren Lampen, bei welchen als Elektricitätsquelle doppelt chromsaure Tauchbatterien dienen, können wegen ihres bedeutenden Umfanges und der geringen Dauer der Leuchtkraft blos zu vorübergehenden Zwecken, nicht aber als ständiges Geleucht der Bergleute benutzt werden. Gleichwohl bietet die Trouvé'sche[2]) Erfindung die erste Etappe auf dem Wege des Einzuges des elektrischen Lichtes in den Gruben und berechtigt zu der Hoffnung, dass das letztere, wie es jetzt schon bei den obertägigen Industriestätten geschieht, später auch in den unterirdischen Arbeitsräumen ausgedehntere Verwendung finden wird.

Die elektrische Beleuchtung hat aber gegenüber den

---

[2]) Vgl. darüber Berg- und Hüttenmännische Zeitung, Jahrg. 1885 No. 30, S. 309.

grossen Vorzügen auch ihre Schattenseiten, denn wo Licht, da Schatten. Bei Glüh- wie überhaupt allen Lampen, welche ohne Flamme brennen, fehlt die Indicirung, und jeder Anhalt von der Beschaffenheit der umgebenden Luft geht verloren, so dass der mit einer solchen Lampe Ausgerüstete Gefahr läuft, in kohlensäurehaltige, bezhtl. schlagwetterreiche (sauerstoffarme) Wetter zu gerathen und zu verunglücken, ganz abgesehen davon, dass unter solcher Beleuchtung die explosivste Atmosphäre Platz greifen und bei zufälliger (durch Grubenbrand) oder freventlicher Entzündung erst recht verderbenbringende Unfälle veranlasst werden können.

Es müssten somit, wenn das elektrische Licht dereinst in den Gruben Eingang fände, noch verlässliche Wetterindicatoren nebenbei in ständigem Gebrauch bleiben.

Es erhellen aus Vorstehendem die ausserordentlich grossen und derzeit nicht zu überwindenden Schwierigkeiten, welche sich einer anderen Beleuchtungsweise entgegenstellen, zur Genüge, und man wird nach alledem in Ermangelung eines Bessern vorläufig an der Sicherheitslampe als Beleuchtungsmittel in Schlagwettergruben festzuhalten und ihre weitere Verbesserung und Vervollkommnung anzustreben haben, denn selbst die als die vorzüglichsten angerufenen Lampen sind noch einer solchen fähig.

Hiermit werden wir auf die Frage übergeführt, welche Dienste uns die Sicherheitslampe in explosionsgefährlichen Grubenbauen leisten kann und soll, sowie welche Construktion im praktischen Betriebe als die beste zu erachten ist.

Die vornehmste und schätzenswertheste Eigenschaft der Sicherheitslampe, vermöge deren sie befähigt wird, die Rolle eines vortrefflichen Warnungs- und hiermit zugleich bis zu gewissem Grade eines Schutz-Apparates zu spielen, ist zweifellos die charakteristische und von jedem Bergmanne gekannte Veränderung ihrer Flamme in einem Gemenge von Luft und Grubengas. Alle Indicatoren, wie diejenigen von Ansell, Coquillon, Mallard u. A. haben der Sicherheitslampe darin den Rang nicht streitig machen können, vielmehr sind die meisten derselben wegen der Complicirtheit und des stationären Charakters nach kurzer Zeit vom Schauplatze ihrer Thätigkeit wieder verschwunden. Stets ist man zu der Sicherheitslampe als zu dem einfachsten und besten Erkennungsmittel für das Vorhandensein von Schlagwettern zurückgekehrt und möchte dieselbe in den neuesten Construktionen, besonders auch in der von Bergmeister Pieler gebotenen bereits $^1/_4\,^0/_0$ Gasgehalt indicirenden Spirituslampe kaum Etwas zu wünschen übrig lassen.

Von den unzähligen der bergmännischen Welt zur Verfügung gestellten Sicherheitslampen haben unleugbar nur diejenigen Anspruch auf Bürgerrecht in den Gruben, welche, sobald beunruhigende Gasmengen den Wettern sich beigesellt, durch kenntliche Flammenreaktionen ihren Trägern das Warnungssignal zum Verlassen der gefährdeten Punkte geben, wie ich denn auch ungeachtet des Widerspruchs mit den Ansichten mancher Fachgenossen zu den brauchbarsten Constructionen diejenigen zähle, welche bei grösseren Gasansammlungen von selbst verlöschen, da meiner Ueberzeugung nach nur diese eine wirkliche Sicherheit für das Leben und die Gesundheit der Arbeiter gewähren.

Die Eigenschaft des rechtzeitigen Verlöschens schliesst allerdings den Nachtheil in sich, dass unter solchen Umständen die Arbeiter gezwungen sind, im Finstern zu fahren, was aber bei anderen Gelegenheiten, wie ausbrechenden Schwaden, nach erfolgten Explosionen u. s. w. gleichfalls möglich ist.

Man hat deshalb darauf bedacht zu sein, dass alle von der Belegschaft zu passirenden Strecken und Baue, einschliesslich der Fluchtwege zwischen den Schächten, in gut fahrbarem Zustande sich befinden, damit die Arbeiter möglichst rasch und sicher an die gefahrlosen Punkte gelangen. Am zweckmässigsten werden die für längere Dauer berechneten letztgedachten Fluchtstrecken in Mauerung oder Eisenzimmerung gesetzt, da sie dann meist ein für alle Mal sichergestellt sind und einer häufigeren Revision nicht bedürfen. Diese ist allerdings in Gruben mit starkem Gebirgsdruck stets nothwendig, da selbst Eisen und Mauer hier oft nur kurze Zeit sich widerstandsfähig erweisen.

Da die Sicherheitslampe behufs Erkennung der Schlagwettergefahren die treue Begleiterin des Bergmannes sein und ihm zugleich das für seine Thätigkeit nöthige Licht gewähren soll, so sind noch weitere Anforderungen an dieselbe zu stellen, gipfelnd in thunlichst hoher Leuchtkraft, möglichst sicherem Verschluss und grösster Widerstandsfähigkeit gegen starke Luftströmungen. Es hat sich in den letzten Jahren in der That eine erfreuliche Regsamkeit auf dem Gebiete der Verbesserungen der Sicherheitslampen entfaltet und wirkliche Fortschritte sind erzielt worden. Nicht nur die hoch anzuschlagende, weil die Scheu der Arbeiter vor ihrem Gebrauche immer mehr mindernde nennenswerthe Erhöhung der Leuchtkraft durch Vergrössern der Glascylinder und durch Einführung des Benzinbrandes, sondern auch die Ausstattung mit einer zur Einschränkung des unbefugten Oeffnens sehr geeigneten Zündvorrichtung und die Anbringung von das grösste Raffinement zur Lösung erheischenden Verschlüssen, sowie schliesslich die gegenüber starken Wetterströmen hohe Sicherheit bietende Verwendung eines Blechconus sind als die bedeutendsten Stationen des Fortschrittes in der Sicherheitslampentechnik hier kurz zu verzeichnen.

Alle diese Verbesserungen, welche in der deutschen W. o l f'schen Benzinlampe[3][4]), in der französischen M a r s a u t-[5])

<hr>

[3]) S. die Abhandlungen von Bergrath K r e i s c h e r und Bergrath Dr. W i n k l e r, Untersuchungen über Sicherheitslampen, Jahrb. für das B.- u. H.-W. im Königreich Sachsen auf das Jahr 1884.

[4]) Die W o l f'sche Benzinlampe dürfte unter den derzeitigen Constructionen wohl den ersten Platz einnehmen. Neuerdings ist sie auch mit einem zweckmässigen Schutzmantel ausgestattet, so dass sie den stärksten Luftströmungen Widerstand bietet.

[5]) S. u. A. Glückauf, Jahrg. 1885, No. 51. Berg- und Hüttenmännische Zeitung, Jahrg. 1885 No. 48.

und der belgischen Müseler-Lampe entsprechenden Ausdruck finden, geben der Hoffnung Raum, dass wir dem erstrebenswerthen Ziele, in den Besitz eines thunlichst gefahrlosen, handlichen Schlagwetter-Indicators — denn als solchen betrachte ich in erster Linie die Sicherheitslampe — zu kommen, uns immer mehr nähern.

Auf eine Lampe dagegen, die unter den beim heutigen Bergbau vorkommenden Umständen keine Explosion veranlassen kann, werden wir, solange das Drahtnetz nicht ersetzt wird, Verzicht leisten müssen. Ueberdies wird selbst eine allen Bedingungen des Betriebes entsprechende Construktion von der höchsten technischen Vollendung in der Hand eines unvorsichtigen oder unverständigen Arbeiters doch schutzlos bleiben und niemals darf deshalb den Sicherheitslampen eine solche Wichtigkeit beigemessen werden, dass eine kräftige die Ansammlung von Grubengas verhindernde Ventilation unterlassen wird.

Es ist hiernach in explosiven Gasmischungen mit der Sicherheitslampe jeder längere Aufenthalt zu beanstanden und das Arbeiten an Punkten, an welchen durch diese das Vorhandensein eines grösseren Procentgehaltes von Grubengas signalisirt wird, unbedingt zu untersagen, wenigstens so lange, als bis die Ventilation fähig ist, den Gehalt auf das höchstzulässige Maass herabzudrücken.

Wer die Handhabung der Sicherheitslampen seitens der Arbeiter bei der Kohlengewinnung näher betrachtet, kann sich der Einsicht nicht verschliessen, dass hierbei explosible Gasansammlungen recht wohl unbemerkt im Arbeitsbereiche auftreten können. Bekanntlich bedarf es zur Erkennung schlagender Wetter in geringen Quantitäten der wesentlichen Verkleinerung der Flamme, während dem entgegen die Thätigkeit des Bergmannes gerade viel Licht und deshalb die thunlichst grösste Erhöhung der Flamme fordert. Um somit bezüglich des Gasgehaltes immer orientirt zu sein und der Gefahr rechtzeitig inne zu werden, wird es einer sehr häufigen Revision der Betriebe durch die Sicherheitslampe bei gesenktem Docht, oder besser noch durch die Pieler'sche Lampe bedürfen, wenn man es nicht vorziehen sollte, vor jedem Arbeitsorte am höchsten Punkte eine Sicherheitslampe grösserer Construction mit reducirter Flamme, gewissermassen als ständigen den Arbeitern (die selbstredend nebenbei ihr eigenes Geleucht zu führen hätten) stets sichtbaren Schlagwetter-Indicator, aufzuhängen. Es würden bei letztgedachter Beleuchtungsvorrichtung, wenn auch nicht immer, da hierbei gleichfalls die Aufmerksamkeit der Leute in's Spiel tritt, aber gewiss öfter als bisher, vor Ort entstehende Gasanhäufungen von gefahrdrohendem Charakter rechtzeitig genug entdeckt werden, um die zu deren Unschädlichmachung nothwendigen Anordnungen treffen zu können.

VIII.

Die Schiessarbeit.

Die Sprengarbeit, deren hohe Bedeutung für den Steinkohlenbergbau allerseits anerkannt ist, bildet nach den statistischen Erhebungen gleichfalls eine häufige Ursache zur Entzündung schlagender Wetter und gehört deshalb die Frage, ob dieselbe in Kohlengruben überhaupt zu gestatten sei, zu dem in neuerer Zeit am lebhaftesten erörterten und am meisten streitigen Problem.

Es ist an sich richtig, dass die Ausübung von Schiessarbeit überall da, wo jedes freie Feuer vermieden werden und die Sicherheitslampe herrschen soll, einen Widerspruch bietet, aber auf dieselbe in Schlagwettergruben vollständig zu verzichten oder sie sogar, wie manche Heisssporne vorgeschlagen, für den gesammten Kohlenbergbau zu verbieten, erscheint doch wohl unthunlich, wenn man nicht die Gewinnungskosten der Kohlen ganz erheblich steigern und dahin wirken will, dass die Schachtdeckel vieler Gruben für immer geschlossen werden.

Das Verbot der Sprengstoffe würde, da alle Ersatzmittel derselben bisher noch zu keinem befriedigenden Resultate geführt haben, jene aber nach Lage der Verhältnisse unentbehrlich sind, für den Steinkohlenbergbau wieder die Zeiten der

6*

ersten Entwicklung herbeiführen und diesem eines der mächtigsten Förderungsmittel rauben. Wie könnten wir den Anforderungen der Jetztzeit gerecht werden und mit welchem Aufwande von Geld und Zeit wollten wir die Querschläge und die in harter Kohle anstehenden Oerter auffahren?

Aber nicht nur dass die Gewinnung der Kohlen ohne Explosivstoffe an sich bedeutendere Kosten verursacht und den Arbeitern grössere körperliche Anstrengungen auferlegt, wird auch durch dieselbe der Fall von Klarkohlen und als unabweisbare Folge hiervon zugleich die Erzeugung erheblicher Mengen von Kohlenstaub begünstigt, so dass aus der Beseitigung des einen gefahrdrohenden Factors ein anderer nicht minder schlimmer (s. nächsten Abschnitt.) erwächst.

Bedenkt man weiter, dass die Untersagung der Schiessarbeit zur Erzielung gleicher Fördermengen eine Vermehrung der Belegschaften bedingt und dass entschieden grössere Gefahren von Gesteinsfall drohen, wenn die Kohlen mittelst Keilhaue bearbeitet werden, so bedarf es seitens der Behörden gewiss der sorgfältigsten Erörterungen, um entscheidende Schritte hinsichtlich des Verbotes der Anwendung von Sprengmitteln thun zu können.

Forscht man bei den durch die Schiessarbeit herbeigeführten Unglücksfällen nach der letzten Ursache, so wird man finden, dass eine grosse Anzahl derselben auf Nichtbeachtung der einfachsten Vorsichtsmassregeln seitens der Betheiligten zu setzen sind.

Es ist einleuchtend, dass ein Schlagwettergemisch nur dann durch einen Schuss, bez. durch die bei demselben erzeugte Flamme entzündet werden kann, wenn es den Punkt der Explosibilität erreicht hat; unter gewöhnlichen Umständen muss aber, wie schon dargelegt, die Wetterführung im Stande sein, das Anwachsen des Grubengases bis zum Entflammungspunkt zu verhüten, widrigenfalls sie sich als eine ungenügende erweist. Es ist also auch bei Ausübung von Schiessarbeit die Güte der Wetterführung der strengsten Controle zu unterwerfen und als Richtschnur zu nehmen, dem jedesmaligen Abfeuern eines Schusses eine sehr sorgfältige Prüfung der Wetter auf ihren Gasgehalt vorausgehen zu lassen. Sobald die Atmosphäre rein gefunden und zugleich der bestimmte Nachweis erbracht ist, dass die Nachbarbaue frei von Grubengas sind, kann in der Regel eine Gefahr für ausgeschlossen erachtet werden, wenn nicht die von trockenem, entzündlichem Kohlenstaub hinzutritt.

Dass trotzdem so viele, ja die meisten der in den letzten Jahren stattgefundenen Explosionen durch Sprengschüsse veranlasst worden sind, beweist, dass die überall bergpolizeilich gebotene Untersuchung der Wetter seitens der damit Betrauten oft ganz verabsäumt oder nicht mit der Peinlichkeit durchgeführt wird, welche dieselbe erfordert. Könnten die Explosionsheerde sprechen, sie würden oft die Sorglosigkeit und Gewissenlosigkeit der Menschen aufdecken und über die Schuldigen, wenn sie nicht, wie es meist der Fall ist, der Explosion selbst zum Opfer gefallen, strenges und gerechtes Gericht halten können.

Indess soll nicht in Abrede gestellt werden, dass trotz sorgfältigst durchgeführter Untersuchung unter besonderen Umständen, wie beim Anschiessen eines Bläsers, einer starkgashaltigen Kluft, bei reichen Kohlenstaubansammlungen u. s. w. der Eintritt einer Explosion möglich ist. In Würdigung dessen werden mit dem eben besprochenen Abprobiren der Wetter auf Gase noch andere Vorsichtsmassregeln befürwortet, welche alle dahin zielen, die Stärke der beim Schiessen an sich unvermeidlichen Feuer-Erscheinungen thunlichst zu verringern.

Zunächst sollen bei der Operation des Anzündens der Schüsse nur Stoffe in Verwendung kommen, welche ohne Flamme brennen und möchte hierzu am besten die elektrische Zündung sich eignen.

Von Sprengmitteln sind die langsam explodirenden, also Schwarzpulver und deren Surrogate in schlagwetternöthigen Bauen zu vermeiden und nur die rasch explodirenden, wie

Dynamit u. s. w. in Gebrauch zu nehmen, da diese verschwindend kurze Flammenerscheinungen zeigen[1]).

Kohlenbesatz ist auszuschliessen und nur Letten- oder dem entsprechender Besatz in Anwendung zu bringen, da erwiesener Maassen bei diesem die glühenden Pulvergase keine so grosse Verbreitung erlangen als bei ersterem.

Die gewonnene Erfahrungssache, dass „sogenannte Lochpfeifer", bei welchen der Besatz ausgeworfen wird, durch das grössere Flammenvolumen und die dabei erregte starke Lufterschütterung — bei den detonirenden Sprengmitteln in verschwindend geringerem Maasse als bei den langsam explodirenden — die anregenden Ursachen zur Entstehung einer Explosion werden können, drängt auf die möglichste Vermeidung derartiger Schüsse. Da das Auswerfen des Besatzes bekanntlich in zu schwacher Ladung, in zu geringem oder lockerem Besatze, oder auch in dem unrichtigen Ansetzen des Bohrloches, bez. in zu starkem Vorgeben beruht, somit meist der Ungeschicklichkeit der die Sprengarbeit ausübenden Personen zur Last fällt, so lässt sich in dieser Hinsicht ein grösseres Maass von Sicherheit nur dadurch erreichen, dass zur Schiessarbeit die praktisch erfahrensten und einsichtigsten Arbeiter herangezogen werden.

Eine Ursache von Gefahr ergiebt sich endlich noch aus dem gleichzeitigen Abfeuern mehrerer Schüsse, da hierdurch sowohl eine reichlichere Flötzentgasung bewirkt werden, als auch bei vorhandenem Kohlenstaub eine Aufwirbelung und Entzündung desselben Platz greifen kann. Es empfiehlt sich deshalb, niemals mehr als einen oder höchstens zwei Schüsse auf einmal wegzuthun. —

Dass in der Nähe alter Baue oder verbrochener Strecken, sowie bei zu erwartenden Durchschlägen in gasreiche Klüfte u. dgl. die Schiessarbeit nur mit Aufwendung der peinlichsten

---

[1]) S. Glückauf, No. 53, 1885. Ergebnisse der weiteren Versuche mit Kohlenstaub und Grubengas in der Neunkircher Versuchsstrecke, von Hilt. Hochinteressant ist auch die Schrift von J. Trauzl, zur Schlagwetterfrage. Wien 1885.

Aufmerksamkeit und strengster Controle ausgeübt und in letzterem Falle mindestens durch grössere Vorbohrungen den etwaigen Gefahren eines Unfalles begegnet werden muss, ist selbstredend und bedarf eines weiteren Hinweises nicht.

Das in England durch das Kohlenbergwerksgesetz vom 10. Aug. 1872 gestattete Verfahren, das Wegthun der Schüsse durch besondere Arbeiter vornehmen zu lassen, wenn die gewöhnlich in den Bergwerken beschäftigten Arbeiter das Bergwerk oder den betr. Theil desselben verlassen haben, und die gleiche in Belgien durch die Königl. Verordnung vom 20. April 1884 sanktionirte Praxis, Schüsse nur zu der Zeit abzufeuern, wo verhältnissmässig wenig Arbeiter in den benachbarten Bauen anwesend, erscheinen mir als ein sehr zweischneidiges Schwert und keinesfalls nachahmenswerth.

Wenn hierdurch auch die grossen Unglücksfälle vermieden bleiben, so muss dieses Mittel, eine geringe Zahl von Arbeitern eventuell für das Wohl anderer zu opfern, als eine Härte, um nicht zu sagen, als eine des heutigen Kulturzustandes unwürdige Barbarei bezeichnet werden und erscheinen die fraglichen Bestimmungen nur insofern in milderem Lichte, als thatsächlich durch dieselben die Schiessarbeit in den meisten Fällen aufgehoben wird, da der Gang der Arbeiten schwerlich immer derart geregelt werden kann, dass sich sämmtliche Schüsse am Ende der Schicht wegthun lassen.

Ist die Ventilation, wie es wohl in einzelnen Grubenpartieen vorkommen kann, zur Herstellung einer ungefährlichen Grubenatmosphäre nicht mächtig genug, werden also an Betriebspunkten mit der Sicherheitslampe Schlagwetter in der Luft nachgewiesen, so bleibt als einziges Sicherungsmittel nur die Unterlassung der Schiessarbeit übrig. Das Verbot derselben wird überhaupt in Zechen mit starker und plötzlicher Schlagwetterbildung, zumal auf Flötzen mit reichen Staubablagerungen, nicht zu umgehen sein, und wird bereits jetzt beim deutschen Steinkohlenbergbau die Bergpolizei in diesem Sinne gehandhabt.

Die eben erörterten Verhältnisse, welche die Sprengarbeit

unthunlich erscheinen lassen, sowie die selten bestimmt feststellbare Weise der Entwicklung des Grubengases machen es wünschenswerth, Mittel zu entdecken, welche die Sprengstoffe entweder entbehrlich oder völlig gefahrlos machen.

Die Einführung comprimirter Kalkpatronen, wie auch des Levet'schen Abtriebkeiles in die Kohlengewinnungsarbeit hat wenig günstigen Erfolg aufzuweisen.

In jüngster Zeit glaubte man in dem Wasserbesatz an Stelle des Lettenbesatzes ein zuverlässiges Mittel gegen die Gefahr des Schiessens bei Anwesenheit von schlagenden Wettern und Kohlenstaub gefunden zu haben, aber die u. A. auf den westphälischen Zechen ver. Bonifacius und Zollverein angestellten Versuche[2]) haben ergeben, dass dieses Mittel durchaus keine Gewähr gegen die Zündungsgefahr beim Schiessen mit Pulver bietet. Auch auf den von Arnim'schen Steinkohlenwerken zu Planitz wurden auf Anregung des Herrn Bergamtsrath Menzel Schiessversuche unter Anwendung von Wasserbesatz ausgeführt und lassen die Ergebnisse derselben gleichfalls die von Galloway u. A. ausgesprochene Ansicht, dass mit Wasser besetzte Schüsse niemals Flammen-Erscheinungen hervorrufen, als unbegründet erscheinen, wie selbige denn zugleich den Beweis erbracht haben, dass speciell für die Planitzer Flötze und Gesteinsverhältnisse die beregte Besatzweise gar nicht anwendbar ist[3]).

Am geeignetsten dünken mir noch die mechanischen Vorrichtungen, wie Keilbohrmaschinen oder dergl., um deren Herstellung und Vervollkommnung man sich in letzter Zeit ausserordentlich bemüht hat und verweise ich beispielsweise auf die Bosseyeuse mecanique von Dubois u. François, welche u. A. in den Kohlenwerken zu Marihaye und den Gruben der Gesellschaft „Cockerill" in Belgien, sowie zu

---

[2]) Glückauf, Jahrg. 1885, No. 90.
[3]) Bei sämmtlichen Schüssen in der Kohle wie im Gestein wurde nicht die geringste Wirkung erzielt.

Blanzy und Trely in Frankreich mit Vortheil Verwendung gefunden hat[4]).

Wenn auch bis jetzt die erzielten Resultate noch nicht das Problem des mechanischen Bohrens als gelöst erscheinen lassen, namentlich die mit letzterem verknüpften Kosten sich noch zu hoch stellen, so sind doch dieselben derart ermuthigende, dass von der weiteren Verfolgung des gedachten Zieles das Beste erwartet werden kann.

Sicherlich wird es dem gewaltigen industriellen Fortschritte unserer Tage noch gelingen, für das flammende Schiessmaterial den passenden Ersatz zu finden oder auch die Sprengtechnik auf eine solche Stufe zu bringen, dass dieselbe bei Betrieben mit Schlagwettern vollständige Gefahrlosigkeit bietet, womit ein weiterer bedeutsamer Schritt zur Lösung des Schlagwetterproblems begründet würde.

IX.

Der Kohlenstaub.

Da auch der Kohlenstaub als eine sehr ernste Quelle von Unfällen für die Steinkohlengruben, insbesondere für die mit schlagenden Wettern behafteten erachtet wird, so können wir die vielfach und heftig erörterte Frage des Einflusses desselben bei Entstehung von Explosionen nicht mit Stillschweigen übergehen und glauben dieselbe am geeignetsten hier dem Kreise unserer Betrachtungen einzufügen.

Die bisherigen Verfechter der Anschauung, dass Kohlenstaub ohne jede Beimischung von Grubengas im Stande sei, Explosionen zu bewirken, stützten sich auf die von ihnen angestellten zahlreichen Experimente, indess erschienen die Resultate der letzteren, als nur im Kleinen und unter Verwendung gewaltiger Staubmengen, somit unter Zuständen ausgeführt, wie sie in den unterirdischen Bauen nicht entfernt vorkommen,

---

[4]) Oesterreich. Zeitschr. für Berg- und Hüttenwesen, Jahrg. 1885, No. 52. Vergl. auch diese Zeitschr. Jahrg. 1884, No. 17.

wenig vertrauenerweckend und fanden deshalb keine besondere
Würdigung. Erst die neuesten auf Veranlassung der wissen-
schaftlich-technischen Abtheilung der staatlichen Wetterkom-
mission Preussens mit äusserster Sorgfalt und in grösstem
Maassstab auf Grube König bei Neunkirchen ausgeführten
Versuche[1]) haben, obwohl noch nicht zum endgültigen Abschluss gediehen, schon jetzt eine wesentliche Klärung in die
Kohlenstaubfrage gebracht und lassen selbige keinen Zweifel
mehr darüber bestehen, dass gewisse Kohlenstaubsorten durch
eine intensive Flamme, wie z. B. durch die eines ausblasenden
Schusses sich zu entzünden und je nach dem Grade der Fein-
körnigkeit und der chemischen Zusammensetzung (dem Ge-
halte an flüchtigen Bestandtheilen) mehr oder weniger heftige
Explosionserscheinungen zu erzeugen vermögen. Hiermit hat
zugleich die Annahme, dass minimale Mengen von Grubengas in einer mit Kohlenstaub geschwängerten Luft eine Explosion herbeiführen können, eine sehr haltbare Stütze gewonnen.

Weit entfernt, die werthvollen Ergebnisse der Neun-
kirchner Versuche, welche zweifellos für die Praxis gute
Früchte tragen und auf diese vielfach umgestaltend einwirken
werden, auch nur im Geringsten herabzusetzen, glaube ich
doch vor einer Ueberstürzung in der Verwerthung derselben
warnen zu sollen, welche darin bestehen würde, allen kohlenstaubreichen Gruben ohne Unterschied neue Erschwernisse
im Betrieb, als da sind: Verbot jeder Schiessarbeit und dergl.
mehr aufzuerlegen[2]).

Es ist zu berücksichtigen, dass man in Neunkirchen
immerhin mit bedeutenden Kohlenstaubmengen, wie sie glück-

---

[1]) S. Näheres darüber in der Zeitschrift für B.-, H.- u. S.-W.,
Bd. XXXII. Auch Zeitschrift des Vereins deutscher Ingenieure, Jahrg.
1885, No. 16. Die Gefahren des Kohlenstaubes für den Steinkohlenbergbau. Von C. Hilt. Glückauf, Jahrg. 1885, No. 41, 51 und 53.

[2]) Die von der Preussischen Schlagwettercommission aufgestellten
„Grundsätze für den Betrieb von Schlagwettergruben" enthalten in dieser
Hinsicht keine die Bergwerksbesitzer belästigende Bestimmungen.

licherweise nur bei einer geringen Anzahl von Zechen vorhanden sind, operirte und ist weiter zu erwägen, dass die ungünstigste Annahme bezüglich der Ausübung der Sprengarbeit gemacht wurde, insofern als blos ausblasende Schüsse in Frage kamen, so dass Herr Hilt am Schlusse des von ihm erstatteten eingehenden hochinteressanten Berichtes über die gedachten Versuche selbst seine Ansicht dahin äussert:

„Es ist thatsächlich die Rolle des Kohlenstaubes bei Weitem nicht so gefährlich, als es bei oberflächlicher Betrachtung unserer Versuche erscheinen könnte, und wenn es gelingen sollte, eine absolute Sicherheit gegen das Ausblasen der Schüsse zu gewinnen, so wäre es wohl möglich, die Gefahren, mit denen der Kohlenstaub uns droht, fast vollständig zu beseitigen."

Es muss hiernach eindringlich die warnende Stimme dagegen erhoben werden, in der Schätzung der von Kohlenstaub-Explosionen herrührenden Gefahren zu weit zu gehen, denn man könnte leicht dahin gelangen, dem Kohlenstaub grössere Aufmerksamkeit zu widmen, als dem unwiderlegbar viel gefährlicheren Grubengas.

Ich bin der festen Ueberzeugung, dass bei einer Anzahl derjenigen Explosionen, die, wenigstens von einzelnen Fachgenossen, lediglich dem Kohlenstaube zugeschrieben werden, Grubengas in grösserer oder geringerer Menge, eine wirksame Rolle mitgespielt hat. Leider sind in der Regel nach einer Katastrophe alle Spuren verwischt, aus welchen die eine oder andere Ursache der Entstehung mit Sicherheit abgeleitet werden könnte und niemals ist mit nur einiger Gewissheit zu ergründen, in welcher Beschaffenheit sich die Luft kurz vor der Explosion an der Arbeitsstätte, von welcher dieselbe ihren Ausgang genommen, befunden hat.

Von welchem Einfluss aber auch der Kohlenstaub auf die Entstehung von Explosionen sein mag, soviel steht mit mathematischer Unumstösslichkeit fest, dass derselbe eine durch irgend welche Ursache hervorgerufene Schlagwetterentzündung auf grössere Entfernungen fortzupflanzen, sowie ins-

besondere durch die bei seiner Verbrennung in Masse entwickelten schädlichen Gase folgenschwerer zu machen vermag.
Unter diesen Gasen ist vornehmlich das Kohlenoxyd wegen
seiner ungemein giftigen Eigenschaften zu fürchten; liegt doch
nach Professor Gruber[3]) die Grenze seiner Schädlichkeit erst
bei einer Verdünnung von 0,05 %. Wenn somit dasselbe dem
erstickenden Einflusse der Kohlensäure — neben Wasserdampf
des hauptsächlichsten Verbrennungsproduktes bei Schlagwettern
— in namhafteren Mengen hinzutritt, so können in den Nachschwaden zahlreiche tödtliche Verunglückungen nicht ausbleiben
und hat sich bei allen grösseren Explosionen diese Thatsache
in betrübendster Weise kundgethan. Aber nicht nur die unheilvollen Einwirkungen des Kohlenstaubes bei Wetterunfällen
drängen auf dessen thunlichste Beseitigung, sondern auch
seine Begünstigung zur Entstehnng von Grubenbränden, sowie
schliesslich die beklagenswerthen Schädigungen, welche sich
bei einem beständigen Aufenhalte in stauberfüllter Atmosphäre für den menschlichen Organismus geltend machen.

Denn was den letzten Punkt anlangt, kann jetzt wohl
kaum mehr bestritten werden, dass die Kohlenstaubinhalationen zur Entstehung von Krankheiten der Athem-Organe
und Lunge, besonders der unter dem Namen „Kohlenlunge"
bekannten, Anlass geben und hierdurch das Siechthum einer
nicht geringen Anzahl von Arbeitern herbeiführen.

Unwillkürlich drängt sich hiernach die Frage auf, wie
den mittelbaren und unmittelbaren Gefahren, welchen die Arbeiter in kohlenstaubbeladner Atmosphäre ausgesetzt sind,
begegnet werden kann?

Der Bildung des Kohlenstaubes selbst lässt sich nur in
sehr geringem Grade Einhalt thun. Auf festen Kohlenflötzen
kann man dieselbe durch ein möglichst reichen Stückkohlenfall
ergebendes Gewinnungsverfahren, sowie auf gebräche Kohle
führenden Lagerstätten durch thunlichst raschen Abbau, also

---

[3]) Archiv für Hygiene, Bd. I. Ueber den Nachweis und die Giftigkeit des Kohlenoxyds und sein Vorkommen in Wohnräumen, von Dr.
Gruber.

durch Vermeidung grosser Felder mit langen Abbaustrecken, die in Druck gerathen und austrocknen, in gewissem — freilich immerhin unerheblichem — Maasse einschränken; im Uebrigen muss darnach gestrebt werden, den entwickelten Kohlenstaub, soweit es angängig, zu beseitigen, damit grössere Anhäufungen vermieden bleiben.

Die zweckmässigsten und wirksamsten Mittel hierzu sind sowohl eine ausreichende die Temperatur in engen Grenzen haltende Ventilation als auch eine durchgreifende Bewässerung der Grubenbaue.

Wie schon hinsichtlich der Schlagwetterexplosionen die Ansicht auftauchte, dass eine zu kräftige Ventilation die Hauptursache der grossen Ausdehnung sei, welche in letzter Zeit dieselben genommen haben, so durfte es nicht Wunder nehmen, dass man, wie jüngst in einer Fachzeitschrift geschehen, bezüglich des Kohlenstaubes die gleiche Anschauungsweise, wenn auch mit einem Mäntelchen umhüllt, zur Geltung brachte. Gleichwohl muss eine sorgfältige Ventilation auch als ein vorzügliches Mittel zur Beseitigung des Kohlenstaubes, wenigstens soweit er in der Grubenluft sich schwebend erhält, erachtet werden.

Was die Bewässerung der Grubenbaue anlangt, so erscheint dieselbe theoretisch überall möglich; aber in der Praxis ist sie doch keine so einfache und leichte, wie schon die mannigfachen nach dieser Richtung laut gewordenen Vorschläge beweisen.

Die Besprengung der staubreichen Strecken und Abbauörter durch auf Förderwagen eingeführte Wasserkübel oder durch besondere Sprengwagen ist bei einem grossen Grubenbetriebe sehr umständlich und für den Förderdienst höchst störend; überdies auch, falls sie mit der erforderlichen Ausgiebigkeit durchgeführt werden soll, mit vielen Kosten verknüpft. Aus gleichen Gründen möchte das für einige französische Bergwerke, u. A. für die von Blanzy mittelst Specialreglements vorgeschriebene Verfahren wenig empfehlenswerth sein, nach welchem die Anfeuchtung der besonders kohlenstaubreichen Abbauorte und der Förderstrecken mit Hilfe kleiner tragbarer, mit einem Wasserbehälter versehener Pumpen zu geschehen hat[4]).

Der von dem Vorsitzenden der belgischen Schlagwetter-kommission, M. J. d'Andrimont gemachte Vorschlag, auf die einfallenden Wetter in einer Länge von 20 Metern einen feinen Regen einwirken zu lassen[5]) und die von Bergingenieur Wabner in Anregung gebrachte Massregel[6]), gleich am Einziehschachte den Wetterstrom durch Wasserdampf so mit Wasser zu beladen, dass er unterwegs nicht nur kein Wasser mehr aufnimmt, sondern solches eher abgiebt und den in der Gruben-luft schwebenden Kohlenstaub nach und nach anfeuchtet und niederschlägt, somit dessen Feuergefährlichkeit beseitigt, alle diese Massregeln, sage ich, sind zwar ohne grosse Schwierig-keiten und Kosten durchführbar, indess müssen gerechte Zweifel an der Wirksamkeit derselben entstehen, da man der Annahme sich nicht verschliessen kann, dass die von der Luft aufgenommenen Wassermengen viel zu geringe sind, um den Kohlenstaub gehörig zum Niederschlag zu bringen. Die in der Praxis des Betriebes auf dem Heinrich-Schachte zu Planitz angestellten Beobachtungen bestätigten diese Voraus-setzung und wurde mit der Wabner'schen Methode nicht der geringste Erfolg erzielt; zudem hatte dieselbe noch den Uebel-stand im Gefolge, dass der von dem einziehenden Wetterstrom fortgerissene Dampf in Form eines dichten Nebels auf der Hauptförderstrecke auftauchte, so dass der Verkehr auf der-selben erschwert und gefährdet wurde.

Eine Beseitigung des Kohlenstaubes zur Hintan-haltung der aus demselben resultirenden Gefahren

---

[4]) Vgl. Zeitschrift für Bergrecht, 25. Bd., Jahrg. 1884. Die Bestim-mungen über die Vorsichtsmassregeln gegen schlagende Wetter. Bearbeitet von der bergrechtlichen Abtheilung der Preussischen Schlagwettercommission. (Vom Kohlenstaub, S. 533.)

[5]) Rapport procès-verbaux des séances et documents de la com-mission du grisou en Belgique. 1880.

[6]) Berg- und Hüttenmännische Zeitung, Jahrg. 1882. S. 230.

wird nur auf dem Wege einer allseitigen Bewässerung möglich sein, die geeignet ist den Staub zu durchtränken und genügend zu löschen[7]).

Diese Massregel lässt sich aber nur dann verwirklichen, wenn über das ganze Grubengebäude ein Wasserleitungsnetz gelegt wird, dem das nöthige Spritzwasser entnommen werden kann. Am besten verwendet man hierzu 30—40 mm weite schmiedeeiserne Rohre, deren Verlagerung eine leichte und deren Raumbedürfniss ein geringes ist und stattet man dieselben an den betreffenden Arbeitspunkten mit Schläuchen und Ventilen aus, die zur Entnahme der zum Löschen des Staubes erforderlichen Wassermengen geöffnet und dann wieder geschlossen werden[8]). Das ausströmende Wasser stellt nicht nur nahezu staubfreie Arbeitsstätten her, sondern bewirkt zugleich auch eine Abkühlung der Wetter, wie es denn ein erprobtes Mittel bietet, etwaige Brände, die an solchen trocknen kohlenstaubreichen Punkten leicht entstehen, im Keime zu ersticken oder wenigstens die Grubenzimmerung vor der lodernden Flamme zu schützen und die Abdämmungsarbeiten zu sichern.

Ob die mit Wasser übersättigte Grubenluft dauernd und ohne schädliche Folgen von der Belegschaft vertragen wird, hat zu mannigfachen Streitigkeiten Veranlassung gegeben und während die Einen behaupten, dass ein grosser Feuchtigkeitsgehalt der Grubenluft unbedingt nachtheilig einwirke, stehen Andere auf dem Standpunkte, der feuchten Atmosphäre in den unterirdischen Räumen einen gesundheit-

---

[7]) Dass eine gründliche Befeuchtung des Kohlenstaubes nöthig ist, um denselben gefahrlos zu machen, ist auch durch die Versuche der Preussischen Schlagwettercommission (s. Glückauf, 1885 No. 53) nachgewiesen worden.

[8]) Auf den von Arnim'schen Kohlenwerken zu Planitz hat man seit 1882 den Einbau von solchen Wasserleitungen nach denjenigen Betrieben, welche, sei es in Folge der natürlichen Beschaffenheit der Flötze, sei es durch die Nähe alter Brandfelder, sehr zur Staubbildung neigen, ausgeführt.

schädigenden Einfluss nicht zuzuschreiben. So spricht sich Dr. Schlockow, eine anerkannt bergmedicinische Autorität, dahin aus, dass in den Tiefen der Bergwerke dem Wasserdunste jene Bedeutung nicht zukomme, wie in mit Menschen überfüllten Wohngebäuden, wo derselbe häufig organische Stoffe und Krankheiten mit sich führt[9].

Dagegen bietet eine feuchte und abkühlend wirkende Luft den grossen Vortheil, den Entflammungspunkt der Schlagwetter hinauszurücken. Versuche namhafter Forscher haben erwiesen, dass mit Erhöhung der Grubentemperatur nicht nur die Gefahr der Entzündung schlagender Wetter sich steigert, da Gasgemische explosibel werden, welche es in niedriger Temperatur nicht mehr sind, sondern dass bei vorgekommener Entzündung auch die Heftigkeit der Explosion und deren zerstörende Wirkung wächst[10]. Hiernach würde die möglichste Kühlhaltung der Grubenbaue in dem Anti-Schlagwetter-Katechismus eine besondere Seite einnehmen. In der That sind schon mehrfache Vorschläge zur praktischen Bethätigung der Abkühlung der Grubenwetter gemacht worden, wie die Einbringung von Eis[11] in die Baue, die Erzeugung von Kälte nach Pictet'schem Verfahren[12]; indess bedürfen dieselben einer ernstlichen Widerlegung nicht und liefern nur einen Beweis dafür, auf welche sonderbare Gedanken der Geisterflug mancher Techniker bei dem Bestreben, Herr über die Schlagwetter zu werden, gerathen kann.

---

[9] Dr. Schlockow, die Gesundheitspflege und medicinische Statistik beim Preussischen Bergbau.

[10] S. Annales des mines, 7. Serie Bd. VII. Mallard, die Verbrennung von Grubengas und die Theorie der Sicherheitslampen. Freie Uebersetzung davon im Jahrb. der Bergakademie Leoben u. s. w. XXIV. Bd. Vgl. auch die Erläuterungen zum vorläufigen Bericht der englischen Grubenunfallcommission, von C. G. Kreischer im Jahrb. für das B.- u. H.-W. des Königreichs Sachsen auf das Jahr 1882, I. Theil, S. 223.

[11] Nach dem Schlussbericht der französischen Schlagwettercommission Vorschlag von Romanowski.

[12] Vgl. Berg- und Hüttenmännische Zeitung, Jahrg. 1885, No. 19. Ueber Abkühlung der Grubenwetter, von Simmersbach.

Bietet dem Vorstehenden gemäss eine ausgiebige Bewässerung der unterirdischen Arbeitsräume für die Unschädlichmachung des Kohlenstaubes, der allein hier in Frage steht, zweifellos eine sehr wirksame Waffe, so muss doch auch dem Bekenntniss Ausdruck gegeben werden, dass dieselbe nicht überall anwendbar ist und ihr in manchen Zechen sich schwere Hemmnisse entgegenstellen. Es ist deshalb gegen das von mancher Seite ausgesprochene Verlangen, Bestimmungen, welche die Löschung des Kohlenstaubes durch Wasser für alle Steinkohlengruben ohne Unterschied bindend machen, in die bergpolizeilichen Vorschriften aufzunehmen, entschieden anzukämpfen. Wie in vielen anderen Hinsichten, so dünkt mir auch hier eine Verallgemeinerung an sich guter Massregeln bei Kohlengruben, welche in ihren Verhältnissen oft ausserordentlich abweichen und die deshalb auch ganz verschiedene Beurtheilung und Behandlung erheischen, unpraktisch und nachtheilig.

Es kommt bezüglich der Bewässerung der Grubenbaue in Betracht, dass dieselbe auf scheerenreichen Flötzen eine Verunreinigung und Verschmandung der Kohlen mit sich bringt, die deren Sortirung in hohem Grade erschweren und vertheuern, sowie namentlich, dass ihr auf Flötzen mit quellendem Sohlengebirge derartige Schwierigkeiten entgegenstehen, dass sie unmöglich oder nur mit den grössten Kosten durchführbar ist. Endlich müssen wir bedenken, dass in manchen Fällen sowohl die Zuleitung genügender Wassermassen — gerade die trockensten kohlenstaubreichsten Bergwerke mangeln daran — als auch wiederum deren Entfernung — ich erinnere an die Zechen von grossen Teufen, meistens den Heimstätten vielen Staubes — mit ausserordentlichem Geldaufwande verknüpft ist.

Wenn einerseits jedes Mittel versucht und angewandt werden sollte, welches eine noch so geringe Verminderung der Unfälle im Bergwerksbetriebe in Aussicht stellt, so darf man doch andrerseits die Augen nicht davor verschliessen, dass dem Steinkohlenbergbau, der zum grossen Theil schon ohnehin in schwerer Bedrängniss sich befindet, schliesslich der

Untergang bereitet wird, wenn man demselben immer neue Ausgaben ansinnt. Es möchte aber eine einsichtige Regierung, so sehr auch des Oeftern in der Tagespresse das Ansinnen an sie gestellt wird, die rücksichtsloseste Pression in dieser Beziehung auf die Bergwerksbesitzer auszuüben, nicht so leicht sich bereit finden lassen, an den Steinkohlenbergbau mit stets erhöhten Forderungen heranzutreten und hiermit eine der volkswirthschaftlich bedeutendsten Industrien des Staates zu untergraben.

Zu unserem Thema zurückkehrend, so haben die oben dargelegten für manche Zechen unüberwindbaren technischen wie ökonomischen Schwierigkeiten der Wasserbesprengung schon seit längerer Zeit das Bestreben wachgerufen, den Kohlenstaub noch durch andere Mittel unschädlich zu machen und hat man zu diesem Behufe u. A. besonders das Ausstreuen hygroskopischer Salze, wie Chlornatrium, Chlorkalium u. s. w. empfohlen und an verschiedenen Orten in Anwendung gebracht, jedoch sind die erzielten Erfolge überall gleich Null gewesen.

Die Weltumsegler der Wissenschaft und Technik werden sich aber hierdurch nicht einschüchtern lassen und sicher auch noch die Kohlenstaubfrage in einer für alle Grubenverhältnisse passenden Weise der Lösung entgegenführen.

X.
Das Grubenpersonal.

Die Sicherheit des Betriebes der Schlagwettergruben gründet sich nicht allein auf die Vollkommenheit und Zweckmässigkeit der technischen Einrichtungen, die wir in den vorhergehenden Abschnitten behandelt haben, sondern auch noch auf andere Verhältnisse, die zwar entfernter zu liegen scheinen, aber immerhin von grosser Wichtigkeit sind. Unter diesen letzteren dürften wohl keine höher stehen als diejenigen, welche das Grubenpersonal betreffen. Es leuchtet ein, dass die besten Vorkehrungen ihren Nutzen verlieren, dass die vorzüglichsten Apparate versagen können, wenn sie von einem schlechten Personal bedient werden und es ist eine nur zu bekannte Thatsache, dass ein grosser Theil der Unfälle auf Verschuldungen von Arbeitern und Beamten zurückzuführen ist. So lag nach der mehrfach erwähnten Hasslacher'schen Statistik „der auf den Steinkohlenbergwerken Preussen's in den Jahren 1861—1881 durch schlagende Wetter veranlassten Unglücksfälle" bei Explosionen mit tödtlichem Ausgange ein direktes oder indirektes Verschulden vor

    a) von Seiten eines der Verunglückten selbst in 47,2 $\%$,

    b) von Seiten eines der Mitarbeiter in 2,5 $\%$ und

    c) von Seiten eines der Beamten in 4,8 $\%$ von den Gesammtfällen.

Es ist hiernach von den tödtlichen Explosionen die grössere Hälfte erwiesenermaassen der Schuld irgend eines beim Grubenbetriebe Betheiligten zuzuschreiben und mögen auch, wie bei jeder Statistik, manche Fehler hier mit unterlaufen, da sich nicht immer mit absoluter Sicherheit die Schuldfrage feststellen lässt, so bleibt doch unter allen Umständen der Procentsatz vermeidbar gewesener Explosionsfälle ein ausserordentlich hoher und legt derselbe gewiss sprechendes Zeugniss dafür ab, dass ein intelligentes und gewissenhaftes Beamten- und Arbeiterpersonal bezüglich der Sicherheit des Betriebes von Schlagwettergruben eine hervorragende Rolle einnimmt.

Wenn daher Pfähler in der Abhandlung über die Wetterführung auf der K. Steinkohlengrube Sulzbach-Altenwald bei Saarbrücken (s. Bd. 20 d. Zeitschr. f. B.-, H.- u. S.-W.) sich dahin äussert, dass „jeder Fortschritt, besonders auf dem Gebiete der Bergtechnik, unterstützt werden müsse durch einen entsprechenden Fortschritt in der Intelligenz der dabei betheiligten Personen", so wird er bei keinem einsichtigen Fachgenossen damit auf Widerspruch stossen.

Zweifellos werden eine intelligente technische Direktion, die mit gewissenhafter Sorgfalt Alles, was Erfahrung und Wissenschaft an die Hand giebt, in Anwendung bringt, ferner

7*

tüchtige praktisch und theoretisch geschulte Aufsichtsbeamte, welche die gegebenen Anordnungen richtig durchzuführen, sowie die ihr unterstellten Belegschaften, wo nöthig, zu belehren und in strenger Zucht zu halten vermögend sind und schliesslich ein gut disciplinirter bezüglich geistig-sittlicher Bildung nicht auf einer zu niedrigen Stufe stehender Arbeiterstamm für die Sicherheit des von Schlagwettern bedrohten Steinkohlenbergbaues, — wie für jeden Bergwerksbetrieb überhaupt — eine verhältnissmässig hohe Gewähr bieten.

Die oberste technische Leitung erheischt den grössten Aufwand von Fachkenntniss, Umsicht, sowie Fähigkeit zum raschen Disponiren und nur Personen, welche im Besitze dieser Eigenschaften sich befinden, können die Führung der Gruben übernehmen. Da gemäss der in den deutschen Bergbaustaaten gegenwärtig in Geltung stehenden Berggesetze[1]) die Leitung und Beaufsichtigung des Bergwerksbetriebes lediglich von Personen erfolgen darf, deren Befähigung hierzu vor der Anstellung von der Bergbehörde anerkannt ist, so kann die letztere mittelbar auch in dieser Hinsicht einen nicht geringen Einfluss auf die Betriebssicherheit des Bergbaues ausüben. Die Bergbehörde muss aber von dem ihr zustehenden Rechte unumschränkten Gebrauch machen und von allen denen, welchen die Fürsorge von Hunderten, ja oft von Tausenden von Leben, sowie eines gewaltigen Vermögens anvertraut werden soll, den striktesten Nachweis der allgemeinen und fachlichen Bildung, sowie der praktischen Leistung oder kurz den Nachweis des „Wissens und Könnens" fordern. Je nach der Bedeutung und dem Umfange der Bergwerke werden die Anforderungen, namentlich in Bezug auf das „Können", mehr oder weniger hoch zu stellen sein und halte ich für die Leitung von Gruben, die hinsichtlich der mit dem Betriebe verbundenen Gefahren mit

----

[1]) Vergl. u. A. Allg. Berggesetz für die Preussischen Staaten vom 24. Juni 1865 §§ 73—78, Allg. Berggesetz für das Königreich Sachsen v. 16. Juni 1868 §§ 62 u. 63, Berggesetz für das Königreich Bayern v. 20. März 1869 Art. 71—76, Berggesetz für das Königreich Württemberg v. 7. Oktober 1874 Art. 73—78.

grossen Schwierigkeiten zu kämpfen haben, eine längere (mindestens 5 jährige) Vorpraxis als eine Nothwendigkeit.

So sehr ich im Uebrigen eine zu grosse staatliche Bevormundung für die freie Entwicklung des Bergbaues hindernd erachte, glaube ich doch, dass der beregte Eingriff in die Verwaltungsfreiheit der Bergbautreibenden seine guten Seiten hat, indem ein gesetzloser Zustand in dieser Hinsicht die bedenklichsten Zustände haben würde. Treten doch an sich noch bei Besetzung der Stellen der ersten technischen Beamten von Bergwerksgesellschaften Erscheinungen zu Tage, welche das Ansehen der Körperschaft der Bergingenieure in bedauerlichster Weise zu schädigen vermögen, gegen die indess die Behörden völlig machtlos sind.

Wird das Bestätigungsrecht für die ersten technischen Beamten seitens der Bergbehörden **streng** und **in richtigem Sinne** gewahrt, dann erscheint die büreaukratische Richtung, welche jetzt die Bergpolizeigesetzgebung in einigen deutschen Staaten beherrscht und welche die Thätigkeit der Betriebsbeamten in aller nur denkbaren Weise beschränken und erschweren will, völlig unverständlich, um nicht zu sagen, ungerechtfertigt. Denn es ist doch jedenfalls merkwürdig, wenn die Behörde auf der einen Seite nur befähigte Personen für gedachte Stellen zulässt, auf der anderen aber in den Bergpolizei-Regulativen alle noch so geringfügigen Einzelheiten im Betriebe vorschreibt und die technischen Leiter hiermit jeder Selbständigkeit beraubt.

Was die für die Betriebsleitung und Aufsicht erforderlichen Unterbeamten (Obersteiger, Steiger und Aufseher) anlangt, so müssen hierzu angesichts der Wichtigkeit der Geschäfte, welche diesen obliegen und anzuvertrauen sind, gleichfalls nur solche Männer gewählt werden, welche sich die nöthigen theoretischen und praktischen Kenntnisse in vollstem Maasse erworben haben.

Gut organisirte Bergschulen sorgen jetzt in allen Bergbaumittelpunkten für die Ausbildung der angehenden Gruben-officianten und liegt die Pflege und Förderung der ersteren sowohl im Interesse des Staates als auch der Bergwerksbe-sitzer. Sollen die Bergschulen aber ihren wahren Zweck er-füllen, so darf das Ziel derselben nicht allein darin gesucht werden, dass die Schüler die für ihren künftigen Beruf er-forderlichen Kenntnisse und einen gewissen Grad von Intelligenz erlangen, sondern mehr noch darin, dass sie die bis dahin gewonnenen praktischen Fertigkeiten und Erfahrungen mög-lichst erweitern und bereichern. Man stelle in den Berg-schulen nicht die rein wissenschaftliche Ausbildung in den Vordergrund, sondern suche möglichst die Theorie mit der Praxis in Einklang zu bringen.

Einen Hauptgrundstein in dem zur Sicherung des Berg-baubetriebes zu errichtenden Gebäude bildet schliesslich das Arbeiterpersonal, denn an dessen Unwissenheit, Unvorsichtig-keit, Böswilligkeit u. s. w. können alle Vorsichtsmassregeln der Beamten scheitern.

Die Unwissenheit von Bergleuten hat in der That schon mehrfach zu Unfällen Veranlassung geboten und nicht wenige Entzündungen schlagender Wetter sind gerade dadurch verur-sacht worden, dass die Leute sich in völliger Unkenntniss über die Gefahren und die zu ergreifenden Vorsichtsmass-regeln befanden, oder dass die bezüglichen Vorschriften ausser-halb des Horizontes ihres Verständnissvermögens lagen. Gegen Dummheit lässt sich aber mit der strengsten Disciplin Nichts ausrichten, kämpfen doch „gegen diese selbst Götter ver-gebens".

Welche Mittel stehen denn zu Gebote, um dem Arbeiter einen für das Berufsleben genügenden Bildungsgrad beizu-bringen? Pfähler hält in der angezogenen Abhandlung eine bessere Volksbildung, einen gediegeneren Elementar-Unterricht für das beste Mittel, um den Arbeiter aus seiner kümmerlichen Anschauung zu einem urtheilsfähigen Menschen zu erheben, und erblickt für den Bergbau „eine durchgreifende Besserung nur auf dem Boden einer gründlichen Schulbildung". Niemand wird diesem rühmlichst bekannten Autor die Zustimmung versagen können und die Erhebung des Bergvolkes auf ein höheres Bildungsniveau möchte gewiss die besten Früchte tragen. Indess soll die Schule das Ziel nicht zu weit stecken und bin ich entschieden gegen die Methode, grosse Massen schematisch bis zur Erlangung einer gewissen geistigen Stufe zu drillen. Es ist zu bedenken, dass bei einer grossen Anzahl von Kindern das Gehirn für die vielen Gedächtnissstoffe gar nicht genügende Aufnahmefähigkeit besitzt und dass mit derartigem Eintrichterungssystem jene Mittelmässigkeit und Halbbildung gross gezogen wird, die heutigen Tages eine so grosse Anzahl von Personen auf abschüssige Bahnen führt. Man lehre wenige Disciplinen und kräftige vor Allem den Verstand! „Man bewahre", wie ein angesehener medicinischer Schriftsteller, Dr. Wolffberg, richtig sagt, „die sich entwickelnde Jugend vor der Aneignung oberflächlicher, nur zum Schein und zum Prunke dienender Kenntnisse und Fertigkeiten, welche das echte Geistesleben nicht fördern. Sie sind wie Schutt und Stroh, eingefügt in den Bau eines Hauses, das wir aus Steinen errichten sollten."

Zur Befestigung und Ergänzung der allgemeinen Schulbildung werden jetzt fast aller Orten Fortbildungsschulen ins Leben gerufen — in vielen Staaten sind sie obligatorisch — und erweisen sich dieselben gewiss hierzu als ein ganz geeignetes Mittel. Nur dünkt es mir wünschenswerth, dieselben möglichst mit dem Beruf in Zusammenhang zu bringen und möchte wohl in Ueberlegung zu ziehen sein, ob in Gegenden mit starkem Bergbaubetrieb nicht bergmännische Fortbildungsschulen zu begründen wären, wie es jetzt in einigen Revieren, z. B. dem Saarbrückner[2]), bereits der Fall ist. Dieselben sollen natürlich den jugendlichen Bergarbeitern nur die einfachsten Begriffe von den Gegenständen beibringen, mit welchen sie es bei ihrem Berufe zu thun haben, sowie zugleich deren Verstandeskräfte mehr zu schärfen suchen.

---

[2]) S. Näheres darüber in „Die Einrichtungen zum Besten der Arbeiter auf den Bergwerken Preussens". Berlin 1875.

Wer indess den Glauben hegt, dass es einzig und allein genüge, den Schülern eine gewisse Summe von Kenntnissen einzupflanzen, um sie für ihren künftigen Berufskreis völlig brauchbar zu machen, ist in grossem Irrthum befangen; vielmehr muss die Schule (Elementar- wie Fortbildungsschule) auch die Bildung des Geistes und Charakters auf sittlicher Grundlage fördern oder mit andern Worten dem heranwachsenden Geschlechte moralische Tüchtigkeit anerziehen. Schon Friedrich dem Grossen erschienen Erziehung und Unterricht als die einzigen Mittel, um den Menschen zum Menschen zu machen und sehr wahr ist, wenn er spricht: „Wer die Menschen für gut hält, der kennt diese Race nicht." Die menschliche Gattung, sich selbst überlassen, ist stets brutal und nur Erziehung vermag eine Wandlung zu schaffen. Dass wir hierin noch nicht die wünschenswerthen Fortschritte gemacht haben, lehrt die tägliche Erfahrung; dass auch, was die Uebung der Tugenden der Moral, wie Pflichttreue, Hingebung an den Dienst, Achtung vor den behördlichen Vorschriften, Befolgung der Befehle der Vorgesetzten, Wahrhaftigkeit u. s. w. anlangt, Manche unserer Bergleute noch Vieles zu wünschen übrig lassen, wem brauchte ich das zu sagen? Sind doch von den Eingangs dieses Abschnittes erwähnten Verschuldungen in Explosionsfällen 65,6% auf direkte Uebertretung eines Verbotes und 22,2% auf grobe Fahrlässigkeit zurückzuführen.

Nicht versagen kann ich es mir, hier einen darauf bezüglichen interessanten Bericht der Local-Abtheilung Breslau-Halle-Clausthal der Preussischen Schlagwetter-Commission anzuführen:

„Ungeachtet der strengsten und sorgsamsten Massregeln bleiben Fahrlässigkeiten und Unverstand der Arbeiter in unglaublicher Weise stets Quellen grösster Gefahr. Das Strafbuch einer einzigen Grube weist für das 1. Halbjahr 1883 nicht weniger als 69 Fälle von Uebertretungen von Bestimmungen des Reglements der Grube über den Gebrauch der Sicherheitslampen auf. Darunter befinden sich 3 Fälle absichtlicher Zerstörung der Sicherheitslampen durch Durchbohren des Drathcylinders. Wird berücksichtigt, dass die constatirten Fälle sicher die Minderzahl bilden, so ergiebt dies ein lebhaftes Bild der Summe von Unachtsamkeit in der Handhabung der nothwendigsten Vorsichtsmassregeln der Arbeiter."

Was hilft aber aller Fortschritt zur Erhöhung der Sicherheit beim Bergbau, wenn derselbe durch diejenigen, für welche er in erster Linie berechnet ist, zu nichte gemacht wird? Was nützen beispielsweise die vorzüglichsten Ventilator-Anlagen, wenn pflichtvergessene Maschinenwärter und Kesselheizer dieselben schlecht warten[3])? Was hilft die richtigste Theilung der Wetterströme, wenn selbst die wichtigsten Wetterthüren durch Unachtsamkeit der Leute offen stehen bleiben? Was vermag man mit der besten Sonderventilation auszurichten, wenn die mit der Ueberwachung der Rohrleitungen beauftragten Zimmerlinge dieselbe vernachlässigen? Diese Beispiele, aus der Praxis herausgegriffen, könnten um das Vielfache vermehrt werden.

Um der Immoralität — im weitesten Sinne des Wortes verstanden — der Bergleute zu steuern, hat man in stetiger Aufeinanderfolge strenge Gesetze, Verordnungen und Regulative erlassen, worin alle Vergehen mit hohen Strafen geahndet werden; aber wie die Thatsache der vielen Uebertretungen zeigt, sind dieselben nur ein unvollkommenes Mittel und je nothwendiger sie werden, d. h. je schlechter der Arbeiterstand ist, um so unwirksamer erweisen sie sich.

Es hiesse das Kind mit dem Bade ausschütten, wenn man auf alle polizeilichen das Gebahren der Bergarbeiter regelnden Vorschriften verzichten wollte.

Nur das übermässige Vertrauen in solche Vor-

---

[3]) So fällt beispielsweise die Explosion auf der Steinkohlengrube Bellevue zu Marcinelle bei Charleroi im Jahre 1844 einem eingeschlafenen Maschinenwärter zur Last. Während nämlich der Maschinenwärter schlief, füllte sich der Kessel mit Wasser, der Dampfdruck verminderte sich immer mehr und die Maschine stand endlich still. (S. Material des Steinkohlenbergbaues von Burat, deutsch von Hartmann.)

schriften ist schädlich und niemals darf man denselben zu viel Bedeutung hinsichtlich der Bekämpfung der mit dem Bergbau verknüpften Gefahren beimessen und sich dem Glauben hingeben, dass damit die Möglichkeit der Verunglückung genommen werde.

Die noch so grosse Vervollkommnung des Bergpolizei-Apparates und die noch so erhebliche Vermehrung der Sicherheits-Vorschriften, welche die Arbeiter immer unselbständiger machen und zur blossen Maschine herabdrücken wollen, werden in den Ziffern der Verunglückungs-Statistik keine wesentliche Aenderung herbeiführen.

Allein nur eine Hebung der Intelligenz und vor Allem der allgemeinen Sittlichkeit wird eine Bürgschaft dafür bieten, dass alle die Gruben-Unfälle, welche auf das Conto der Fahrlässigkeit, Böswilligkeit u. a. m. von Bergleuten zu schreiben sind, seltener werden.

„Lasst uns besser werden, gleich wird's besser sein", könnte man auch hier ausrufen.

Freilich lässt sich eine Besserung der Arbeiterklasse nach der angedeuteten Seite hin nicht so leicht bewirken und kommen hierbei ausser der Erziehung, die grundlegend wirken soll, im Berufsleben selbst eine Anzahl von bewegenden Faktoren in Betracht, von deren Besprechung ich indess, da diese ein Ueberspringen in andere Gebiete, wie in das der Volkswirthschaftslehre, nöthig machen würde, absehen muss. Nur darauf will ich hinweisen, dass alle diejenigen Wege und Mittel, welche die wirthschaftliche Lage der Bergarbeiter zu verbessern und damit das Wohlbefinden derselben zu fördern geeignet sind, auch in Bezug auf die Hebung moralischer Tüchtigkeit von grossem Einfluss sich erweisen werden[4]).

---

[4]) So wird beispielsweise in dieser Hinsicht die durch Kaiser Wilhelm und die verbündeten Regierungen auf Anrathen des Reichskanzlers Fürsten von Bismarck seit einer Reihe von Jahren eingeschlagene auf Verbesserung des materiellen Looses der arbeitenden Klassen gerichtete Socialpolitik zweifellos von segensreichstem Erfolge be-

Doch ich überschreite ohne Zweifel allzusehr mit solchen Erörterungen den Rahmen dieser Abhandlung und möge deshalb Halt geboten sein, zumal hier nur dargelegt werden sollte, wie bedeutungsvoll für die Sicherheit der Schlagwettergruben ein tüchtiges Beamten- und Arbeiterpersonal sich erweist.

XI.

Rückblick.

Ueberblicken wir die vorhergehenden Erörterungen nochmals, so müssen wir als die zu einem erfolgreichen Kampfe gegen die Schlagwetter zu wählenden haltbarsten Stellungen folgende bezeichnen:

1. Vor Allem ist eine sorgfältige, geregelte Wetterführung als die Grundbedingung jeden gesunden Bergbaues in's Leben zu rufen. Dieselbe soll mit solcher Wirksamkeit erfolgen, dass sie im Stande ist, eine dauernde Ueberschreitung der Kohlenwasserstoffbeimischung von $1\,^0/_0$ in der Grubenluft vor jeder Arbeitsstätte als des für die Sicherheit der Belegschaft noch verträglichen Maximums zu verhindern.

2. Zur Erzielung einer gesicherten und energischen Ventilation empfiehlt sich nur die mechanische und gebührt unter den Ventilationssystemen dem des Einpressens sowohl in Rücksicht auf die Sicherheit vor Schlagwettergefahren als auch hinsichtlich der Beseitigung der Folgen einer etwaigen Katastrophe vor dem des Ansaugens der Vorrang.

In Schächten, welche mit der Wetterführung zugleich der Förderung dienen, ist behufs thunlichster Vermeidung von Verlusten die unterirdische Aufstellung der Ventilationsappa-

---

gleitet sein und dürften die jüngsten Früchte der letzteren, das Krankenversicherungs-Gesetz vom 15. Juni 1883 und insbesondere das am 1. October 1885 in Kraft getretene Unfallversicherungs-Gesetz zur Heilung der in der Arbeiterklasse Deutschlands herrschenden Unzufriedenheitskrankheit ein gut Theil beitragen, hiermit aber, wie ich nicht weiter auseinander zu setzen brauche, auch mittelbar auf eine höhere Sittlichung dieser Klasse hinwirken.

rate und wo die örtlichen Verhältnisse diese verbieten, die
obertägige Anordnung mittelst Luftschleuse rathsam.

3. Um das gewöhnliche Maass übersteigende Wettermengen beschaffen zu können, müssen die Motoren der Ventilation eine genügende Reserve besitzen und deshalb hinreichend gross dimensionirt, sowie zugleich möglichst stark
und dauerhaft gebaut sein.

Auch ist für jede Ventilationsanlage, mindestens bei
grösseren Betrieben, eine Aushülfe wünschenswerth, welche
am besten entweder in einem Luftcompressor oder einem
zweiten Ventilator zu bestehen hat.

4. Die Sonderventilation verdient die ernsteste Aufmerksamkeit und alle abseits vom Durchgangsstrome liegenden
Arbeitspunkte bedürfen derselben. Unter den hierfür erprobten
Mitteln verdient die gepresste Luft als das kräftigste den
Vorzug und wird in druckreichen Grubenpartien, sowie bei
vom Hauptstrom sehr entfernten Betrieben die direkte Verwendung derselben, im Uebrigen aber aus Rücksicht der Ersparniss das Einblasen in Lutten sich zweckentsprechend
erweisen.

An Stelle der comprimirten Luft kann im letzteren Falle
mit besonderem Vortheile auch gespanntes Wasser in Anwendung kommen, sobald die örtlichen Verhältnisse dies gestatten.

5. Zur Beleuchtung sollen nur Sicherheitslampen bewähr-
tester Construction in Gebrauch kommen und diese ausschliesslich zur Erkennung der Gefahren der schlagenden Wetter,
niemals aber als Schutzmittel dienen.

6. Um den Arbeitern nach etwaigen Explosionen, beziehentlich grösseren Gasausbrüchen, bei verlöschten Sicherheitslampen einen sicheren Rückzug zu gewähren, sind die
Fluchtwege in gutem fahrbaren Zustande zu erhalten.

7. Die Ausübung der Schiessarbeit erheischt die strengste
Controle durch Untersuchung der Wetter auf ihren Gasgehalt
vor dem Wegthun der Schüsse und ist an allen den Punkten,
in welchen die Wetterführung nicht im Stande ist, die sich

entwickelnden Kohlenwasserstoffe bis zur Unschädlichkeit zu verdünnen, unzulässig.

In schlagwetter- und zugleich kohlenstaubreichen Zechen wird der Gebrauch der Sprengstoffe thunlichst einzuschränken, bez. ganz zu verbieten sein.

8. Um den Ansammlungen des Kohlenstaubes und den verderblichen Einflüssen desselben zu begegnen, erscheint eine durchgreifende Bewässerung der Strecken und Abbaue als das geeignetste Mittel.

Am besten lässt sich in Voraussetzung, dass die technischen und finanziellen Verhältnisse der Grube es erlauben, diese Massregel mittelst eines die gesammten Betriebe umspannenden Netzes von Wasserleitungsröhren, denen nach Bedarf Wasser entnommen werden kann, bewirken.

9. Eine auf der Höhe der Wissenschaft und praktischer Erfahrung stehende technische Direktion, tüchtige theoretisch und praktisch geschulte Unterbeamte, sowie ein gewissenhaftes Arbeiterpersonal werden in verhältnissmässig hohem Grade zur Sicherheit des Betriebes der Schlagwettergruben mit beitragen.

Dass selbst die peinlichste Berücksichtigung aller der behandelten Vorbeugungsmassregeln, die sorgfältigste Begründung der vorgeführten Sicherheitsvorkehrungen, sowie das tüchtigste Beamten- und Arbeiterpersonal die durch Schlagwetter den Gruben drohenden Gefahren völlig zu beseitigen im Stande sei, das zu behaupten dürfte nie ein Sachkundiger sich unterfangen.

Die ganze Natur des zu bekämpfenden Feindes, die schwer zu ergründenden und unberechenbaren Vorgänge in der Tiefe der Schächte, sowie die niemals ganz zu überwindenden menschlichen Schwachheiten werden keine endgültige absolute Herrschaft über das Grubengas gewinnen lassen.

Können wir hiernach auch nicht das Gefühl der Wehmuth unterdrücken, dass wir ohnmächtig sind, den Abgrund, der in den Schlagwettern uns unheimlich entgegenstarrt, ganz zu schliessen, so darf uns dies doch von dem Streben nicht abhalten, die unter den gegebenen Verhältnissen grösstmögliche Sicherheit zu erreichen und den Schleichwegen des Grubengases, eines der furchtbarsten Plagegeister, von denen der Steinkohlenbergbau heimgesucht ist, immer wieder und immer eifriger nachzugehen.

Denn wie die vorstehenden Blätter uns zur Genüge erkennen lassen, ist das hier in Frage stehende Feld im Allgemeinen noch nicht zur Ernte reif und manche Früchte harren noch ihrer Entwicklung. Ueber viele Punkte herrschen unter den Fachgenossen die abweichendsten Anschauungen und scharfe Auseinandersetzungen über nicht wenige Probleme sind heute noch an der Tagesordnung; aber allgemach wird auch auf diesem Gebiete das theilweise noch vorhandene Dunkel dem Lichte weichen, und wenn irgendwo, so möchte hier der Ausspruch in Erfüllung gehen: „Nur aus der Meinungen Streit geht glänzend die Wahrheit hervor."

Darum sollen wir in den Untersuchungen nicht erlahmen, vielmehr auf der Bahn der Forschung, auf dem Wege zur Erkenntniss unaufhaltsam vorwärts schreiten.

So lange Schlagwetter noch stetig Menschenopfer fordern, muss das Losungswort jedes gebildeten Bergmannes sein:

„Schlagwetter und kein Ende der Forschung."

Inhalt.

Buchdruckerei von **Gustav Schade** (Otto Francke) in Berlin N.